叢書・ウニベルシタス　1177

ダーウィンの隠された素顔

人間の動物性とは何か

ピエール・ジュヴァンタン
杉村昌昭 訳

法政大学出版局

ダーウィンの隠された素顔——人間の動物性とは何か◉目次

凡例

一　本書は Pierre Jouventin, *La face cachée de Darwin : L'animalité de l'homme*, Libre & Solidaire, 2014 の全訳である。
二　傍点は原書の強調イタリック。
三　〈 〉は原書の他言語を示すイタリックおよび大文字で強調された語。
四　『 』は原書の作品名を示すイタリック。
五　「 」は原書の引用符。
六　（ ）［ ］は原書に準じる。
七　〔 〕は訳者による補足。
八　原注は行間に通し番号（1、2、3……）を付して巻末に掲載した。
九　ダーウィンの日本語訳は多数あるが、主に『種の起原』（全三巻、八杉龍一訳、岩波文庫、一九九〇年）、『人間の由来』（上下巻、長谷川眞理子訳、講談社学術文庫、二〇一六年）、『人及び動物の表情について』（浜中浜太郎訳、岩波文庫、一九三一年）を参照した。訳文は適宜変更している。

ダーウィンの隠された素顔

人間の動物性とは何か

プロローグ

ダーウィン、この有名なのに未知の人

ペシミズムとオプティミズム、貴族主義と民主主義、個人主義と社会主義、こういった相対立する思想が、長い間ダーウィン思想を断片化して競い合うことになる。

セレスタン・ブグレ

ケンブリッジでのダーウィン生誕一〇〇周年記念式典、一九〇九年

ディエゴ・リベラは芸術の歴史のなかで「壁面主義」の代表者として知られている。このメキシコの芸術運動は一九三〇年代に、『ファシズムの過程』、『人類の行進』〔以上、ダビッド・アルファロ・シケイロス作〕、とりわけ『十字路の人物』〔リベラ作〕などの大フレスコ画によって民衆を教化していた。ネルソン・ロックフェラーが自分の大会社の建物〔ニューヨークのロックフェラー・センター〕に設置するために注文したこの巨大な絵画のなかで、リベラは産業時代の二つの主要イデオロギーである社会主義と自由主義を顕揚している。中央に置かれた人物の左側には当然のごとくあらゆるマルクス主義革命家が配置されている。リベラがコミュニストであったからだ。しかし右端にはストライキを弾圧する警官とドイツ軍の兵士が描かれていて、その真ん中に学者ダーウィンの姿が見える……

この有名な科学者がどうして、誰も羨ましく思わないようなこの場所に置かれているのだろうか？私はフランス国立科学研究センター（CNRS）の研究ディレクターとしての長いキャリアのなかで、世界各地で研究してきた鳥類や哺乳類の環境適応を説明するために、一貫してダーウィンの進化論に依拠してきた。九年にわたる南極大陸への滞在のあいだも、私はこの誰もが知っている人物から私の思想を切り離すことはできなかった。しかしこの人物はこのうえなく透明なように見えて、じつは明

らかに不明な諸要素を抱え込んでもいる。鋭敏で優れた洞察力を持つこの学者が、自分のつくった進化論の社会的帰結〔社会ダーウィニズムを示唆している〕を知らなかったはずはあるまい。私は定年退職した後、「ダーウィンの隠された顔」、動物や生命科学よりも人間や人間のイデオロギーに関わる彼の危険な遺産を解明することにした。以下に私がまとめて記すのは、この長期にわたる調査の結果である。ダーウィンの生活と著作に影の部分はない。世界を経巡る大旅行を除いたら、ダーウィンはほとんどの時間自宅にこもって著作に専念した。そして彼の著作の結論はほとんどつねに確固たるものとして評価された。ではなぜ、百五十年前に発見され専門家によって認定されてもいる彼の大発見をめぐって、いまなお議論が存続しているのだろうか。それはなぜかと言うと、この議論の争点が〈種の起源〉の射程を超えて、もっと大きな問題に関わっているからだと私には思われる。

地球は今から四十五億年前にできた。そして生命は三十八億年前に現れた。哺乳類は二億年前に現れ、霊長類の人類は二百五十万年前から多様化してきた。人類は今のわれわれの種に到達するまで連綿と続いてきたと最近まで信じられていたが、毎年新たな人間種が発見されている。多くの分枝を持つこの人間種の系統図のなかで、われわれの種が唯一生き残っている。このホモ・サピエンス（*Homo sapiens*）はたかだか二十万年前から存在しているにすぎないが、それがどこから来たのか、また何者なのか、自問し続けている。ホモ・サピエンスが長いあいだ狩猟採集の生活をしていたことは、洞窟画や狩猟採集人の生き残りの存在が証明している。その後ホモ・サピエンスは植物を育て動物を家畜化して安定した栄養の取り方を見つけた。ホモ・サピエンスはこの自然支配に慢心して、数千年前から自らを万物の王であると見なすようになった。ホモ・サピエンスが長いあいだ続いたこの神話的想像世界から科学的証明の次元へと移行したのはたった百五十年前のことである。今日、われわれの起源は動物であるという主張は、少なくとも教養ある人々の間では当たり前のものとなった。しかし多くの現代人にとって、そのことの社会的射程をどう評価するかという問題が残されている。

この本は不偏不党たろうとするものではない。それに、これほど社会性の強いテーマにおいて、中立性を保証するものなどないだろう。科学の歴史、なかんずく思想の歴史においては、議論の余地のない事柄はほとんどない。とくにダーウィンというこの本の主人公は、きわめて知的であるにもかかわらず不可解で複雑きわまりない人物であるため、どう解釈するかが重要になる。それゆえ私は自分の立ち位置を踏まえながら、対立する意見を提供しなくてはならない。そして客観性など不可能であると高を括ってはならない。したがってこのエッセーは、ダーウィニズムからその「精髄中の精髄」を抽出し、この静穏な学者、穏健な一家の長を、その内奥にある動機に至るまで、聖像破壊を恐れずに追いつめようとするものである。その結果、われわれは生物学者としてだけでなく人類学者としてのダーウィンという、従来のイメージとはいささかずれた肖像を提供することになるだろう。

われわれはこの本の前半部分で、進化論の要約と世界中の思想の歴史を一変させた「ダーウィン戦争」の要約を行なう。後半部分で、本質的でこのうえなく今日的な諸問題を提起する。すなわち以下のような問題である。ダーウィニズムは単なる科学理論なのか、あるいはまた哲学的含意を有しているのか？　競争が自然選択の唯一の原動力なのか、あるいは社会主義者ピョートル・クロポトキンが唱えた相互扶助が自然選択を補足するのではないか？　ダーウィン以後の科学の発展は、社会進化についてのダーウィンの問いを、どんな点で確証し存続させているか？　今日、この偉人の思想に沿って考えたとき、われわれは最も魅惑的でありながら最も神秘的でもある人間という種についての理解を改良することができるか？

ダーウィンの伝記はたくさんある。フランスでは、パトリック・トールが、ダーウィン自身をはじめ多くの生物学者が否定する、この人類学者としての隠された顔を明らかにした(1)。私としては、動物行動学ならびに進化生態学における私の半世紀におよぶ研究経験を利用して、ダーウィンの科学的メッセージに現代的意味を与えなおし、われわれ人間という種についての彼の問いを存続させる試みをしたい。ダーウィンの大著『種の起源』の刊行から今日まで、議論や論争が絶えず行なわれてきた。その間に、彼の著作の科学的評価は確定したように見えるが、その人類学的メッセージは往々にして否定されるかほとんど理解されてこなかった。それどころか誤解もされてきた。遺伝学、動物行動学、生態学《エコロジー》、古人類学、社会的行動の進化などの領域で相次いで起きた大きな発見が、全体的展望のなかに置かれることはめったになかった。われわれはその展望をはっきりさせようと思う。たしかに科学的次元においては、進化論は論争の余地がないほどまでに確立されているが、しかしそれは見かけほど単純ではない。とくにこの生き物の世界の唯物論的説明の結論が、われわれ人間との関わりにおいてあまりにも近視眼的であることは見逃せない。つまり、大半の生物学者はダーウィニズムのなかに事実だけしか見ようとせず、また大半の人文科学の研究者はそこに思想だけしか見ようとしないため、ダーウィニズムの社会的含意が否定されてしまっているのである。このように専門家のあいだでも解釈が完全に分岐していることは、昔も今も、科学的、宗教的、倫理的、経済的、政治的な次元において混乱が生じていることを示している。われわれはより明晰な目をもって、生誕二百年の機に顕揚され公認されたアカデミックなダーウィン像を踏み越えていこうと思う。

第一章　進化の発明

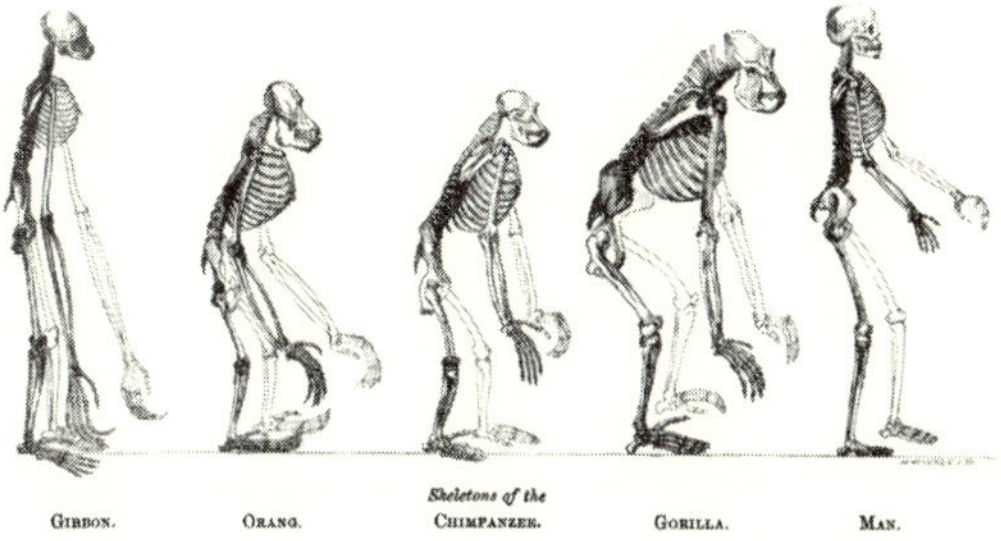

ダーウィン革命は、物理学の世界に起きた大変動（コペルニクス、ニュートン、アインシュタイン、ハイゼンベルク）とは異なって、人間の倫理や最も奥深い信仰についてさまざまな問題を提起した。この新たなパラダイムは新たな世界観として姿を現わしたのである。

エルンスト・マイア『生物学の歴史[2]』一九九五年

「落ちこぼれ」のとんでもない考え

バラの記憶にあるかぎり庭師は死んだことがない。

フォントネルとの対話についてのドゥニ・ディドロの要約

「クレオパトラの鼻がもっと低かったら、地球の様相は違ったものになっていただろう」。歴史における偶然の重要性を説明したこのブレーズ・パスカルの考えは誰でも知っている。エジプトの最後の女王の名前をダーウィンに置き換えることができる。世界一周の出港準備をしていた〈ビーグル号〉の艦長はダーウィンの自然史学者《ナチュラリスト》として仕事をしたいという申し出を拒否するところだった、とダーウィンは『自伝』のなかで語っている。

艦長は当時流行していた形態心理学(3)の信奉者で、この擬似科学は個人の人格を顔の特徴から推理するものであった。艦長のロバート・フィッツロイは弱冠二十六歳であったが、えらそうにこの二十二歳の候補者〔ダーウィン〕の鼻が短かすぎると思った。鼻が短かすぎるということは、形態心理学によると、意志、批判精神、科学の才能といったものが欠如していることを証明するものであった。したがって、そういった人間を採用することは、二十七メートルの帆船を七十人の乗組員とともに難破の危険にさらすことにもなる。しかしフィッツロイにとっては、前任者のように船上で孤独を噛み締め自殺に至るのを避けるためには相棒が必要であった。そういうわけで艦長の知的蒙昧にもかかわらず、一八三一年のクリスマスの翌日錨を上げる直前に、やがて生物多様性の由来とわれわれの種の起源を発見する——要するに世界を変える——ことになる「進化論の父」は旅立つことが可能になったのである。

チャールズ・ダーウィン〔一八〇九～一八八二〕の生誕二百年祭は彼の著作を改めて不滅のものとした。しかし彼(と彼の業績)は、偽造されているとは言わないまでも、多くの場合その真価が理解されていない。この矛盾をどう説明したらいいのだろうか? ダーウィンは、アルベルト・アインシュタイン〔一八七九～一九五五〕が物理的世界の理解に革命を起こしたのに匹敵するくらいに、自然の機能(現在・過去における)のみならず人間の起源を説明した。これはわれわれにとってははるかに身近な(!)事柄である。しかし彼らの身近にいた人々は、この二人の桁外れの天才を必ずしも察知していたわけではなく、ときには「落ちこぼれ」と見なしていた。アインシュタインのチューリヒの学生時代の教授は彼を怠け者と見なしていた。もちろんチューリヒはスイス科学界のメッカであったにしても。ダーウィンは大学ではもっと冴えない学生であった。もちろんダーウィンの場合も、それはエディンバラ大学やケンブリッジ大学（彼はここで学業を終えた）という威信のある大学でのことではあったが。ダーウィンは裕福な家の出である。父親は著名な医師であり、医学の勉強を放棄し牧師になる道にも身が入らないこの道楽息子を嘆いていた。「おまえは狩猟や犬やネズミをとることにばかり精を出している。家族の恥だ！」。父親は息子が自然界に寄せる情熱を認めなかった。いかなる職業にも結びつかないと思っていたからだ。そしてダーウィンの世界一周旅行にも賛成ではなかった。しかしダーウィンの叔父が、「自然の研究は職業には結びつかないが、牧師にはうってつけである」と言って、父親を説得した。

相対性理論は容易には理解できない。なぜならそれは地動説と同じで反－直観的なものだからである。われわれが平坦で不動の地面の上にいるという誤った認識からどうやって抜け出すことができるか？　われわれはわれわれの生を基準としてしか時間を捉えることができないのに、種が時間の経過とともに変化していくということをどうやって受け入れることができるのか？　ダーウィンはこの難問を解いた。「ある種が別の異なった種を誕生させたことを認めたくないというわれわれの自然な黙殺の主たる原因は、われわれはつねに、中間的段階がわからない大きな変化をなかなか認めることができないからである」。

この二人の先駆者よりも知られていない、もうひとりの科学革命家、アルフレート・ウェーゲナーも、常識に反して、諸大陸は地球の表面で移動していると発表したとき、同じような無理解に見舞われた。(4) 彼は気象学者・探検家・地理学者あり、ダーウィン以上に〈なんでも屋〉だった。しかし地球科学の専門家ではなかったため、彼の言うことは信じられなかったのである。それに対して「進化論の発明家」ダーウィンは、独学者であったにもかかわらず、最初から科学界に認められた。ダーウィンはその標本収集と自然科学への一連の貢献によって、彼よりも高等教育を受けた同僚たちから評価された。そして彼の理論はすぐにまともに受けとめられた。しかしダーウィンは、その後八十年にわたって巨大な抵抗に遭遇した。「進化論が世に認められるために闘いが必要であった唯一の国」フランスでは、この抵抗はもっと長く続いた。[5] この無知蒙昧の時代はそんなに昔のことではない。私が大学一年生のとき、動物学の教授はつねに、進化論には二つの競合する理論がある、と中立的に教えていた。つまりラマルクの進化論とダーウィンの進化論である。また地質学の教授は、「大陸移動説」という新理論――その後「プレート・テクトニクス」という呼び方をされるようになる学説――について慎重に語っていた。要するに今日、宇宙、地球、すべての生き物、人間を説明することを可能にするこれらの科学革命について考えるとき、アインシュタインの挑発的な言明に思い至るのである。「一見狂っているように見えない考えにはいかなる未来もない」。

　これから進化論は三重に信じがたいものであることを見ていこう。われわれの存在を超える時間の尺度を組み込んだとき、この理論は自然を明解に説明するものとなるだろうが、そのときやっかいな罠が出現し理解を妨げることになる。すなわち、この理論は種の形成とりわけ人間という神秘的存在の形成を説明するのに十分ではないところがある。進化論の社会的帰結、言い換えるならその人間への適用は、予想以上に思想の歴史を塗り替えるものである。つまり進化論の人間的な顔は、その動物的な顔については受け入れた多くの教養ある人々にとって障害となるものなのである。

ダーウィンは『種の起源』のなかで次のように驚きをまじえて表明している。「ある生命体のほとんどの各部分はその複雑な生活条件に見事に適応しているので、そのような各部分が突然そうした完全な状態で現れることは、複雑な機械が人間によって発明されたとたんに完璧な状態に達するのと同じくらいありそうもないことのように思われる」。変異＋選択＝進化。$E=mc^2$ほど明確ではないが同じほど魔術的なこの公式はあまりにも簡素なので、目、鳥の飛翔、人間の脳といった自然の驚異を説明することはできないように思われる。かくも複雑な生物が、どうして単なる偶然つまり自然現象（個体変異）と生のメカニズム（自然選択）との遭遇から生まれうるだろうか？　進化論をわが物として摂取するには、進化のプロセスは緩慢かつ累積的であり、ひとつひとつの改変が先行する改変に付け加わり、数百年のあいだ生にとって有利な変異だけが維持されて、環境条件に合致した生の驚くべき完成に至るということを理解しなくてはならない。ダーウィニズムを無効化しようとする古典的メタファーを借用するなら、たしかにチンパンジーがタイプライターの文字をランダムに打っても『戦争と平和』を書くことはできない。しかしテクストの言葉に対応する文字だけに選択的に限定すれば、時間はかかっても本は書ける。こうした自然のなかにおける生物多様性と人間の占める位置についての説明は、科学や理性にとっては不幸なことであるが、〈天地創造〉と呼ばれるもの、あるいは人にはわからない超自然的力に訴えることよりも直観性が希薄である。しかしアインシュタインと彼の晦渋な方程式——それはわれわれには縁遠いものである——に反対する勇気がなくても、ダーウィンを否認することはずっと容易であると思われる。そして実際にそういうことがつねに起きたのである。ダーウィンの進化論を「科学にとっての顕著な前進」とか「ニュートンの再来」とか形容することは、生き物の世界を説明しわれわれの起源についての本質的問題——「われわれはどこから来たのか？われわれは何者なのか？」といった——に答えることができる唯一の理論としての彼の発見の重要性を意識したものであることを示している。しかしそこには人間についての論争的要素がたぶんに含まれていて、それは彼の悪魔的思想とともに発動されようとしていた。ダーウィンは信仰を失っていたこともあり、やがて友人やユニテリアン派の熱心な信者であった愛妻を、世界についてのこの唯物論的説明によって苦しめることにもなる。

彼はそのことを打ち明けてもいる。これはしばしば史上最大の科学革命と呼ばれた理論の創造者にしては意外なことに思われる。ダーウィンはこう書いている。「私は航海から戻ってから非常に思い上がった仕事に取り組み始めた［…］。私は農業や園芸の本を読み、事実を収集し続けた。光明がさしてきて、（当初抱いていた考えとは逆に）種は不変なものではないことを確信した。そして犯罪を告白しているような気分になった」。というのは、「イギリスで最も危険な人間」と言われ、自分の理論の体制転覆的潜在力を完全に自覚していたこの男は、逆説的にも、既成秩序を侵犯することを望まない人間でもあったからだ！　ダーウィンはアルフレッド・ウォレスとの競争に駆り立てられなかったら、自分の重要な著作を公表する決断をしなかっただろう(6)。ダーウィンが『種の起源』刊行の二年前にウォレス宛の手紙に書いているように、進化〔の理論〕は、動物や自然についての再解釈よりも、直接われわれに関与する人間についての再解釈によってショックをもたらすものである。「あなたは私が「人間」について言及するかどうかおたずねですね。私はこのテーマは避けようと思います。このテーマは多大の偏見に取り巻かれているからです。もちろん私は、自然史学者《ナチュラリスト》として、これは最も高度で最も興味深い問題であることは承知していますが」。ダーウィンが予見したように、彼が神と人間に言及することを回避したにもかかわらず、論争が引き起こされた。

したがってダーウィンの予見は正しかった。とくにフランスでは、彼の理論が受け入れられるのにほとんど一世紀もかかったのである。「ビュフォン、ジョフロワ・サンティレール、ラマルクを生んだ国が、彼〔ダーウィン〕の理論の普及に関して、他のヨーロッパ諸国に比べてこれほど遅れていること、そしてなおも種は不変の創造物であるという信仰にしがみついていること！」にダーウィンは驚いた。フランスの科学アカデミーとアカデミー・フランセーズ（フランス学士院）のメンバーで、コレージュ・ド・フランスにおけるジョルジュ・キュヴィエの後継者でもあったピエール・フルランは、一八四六年に刊行した本のなかで『種の起源』について次のように書いている。「作者の才能には感動するほかない。しかし、いかに多くの曖昧な考え、いかに多くの誤った考えが披歴されていることか！　自然史のなかにいかに多くの不適切な形而上学的隠語が使われていることか。それらの言葉は明晰で正当な思想を台無しにするものである。いかに思い上がった空虚な言葉であろうか！　なんと多くの子どもっぽくて時代遅れの擬人化が見られることか！」。ダーウィンはこれを面白がってウォレスにこう書き送っている。「お粗末な頭脳の持ち主が私を攻撃するつまらない本を書きました。しかしこれはうれしいことです。というのは、これはわれわれの仕事がフランスで広まっている証拠だからです」。この点について、ドゥニ・ビュイカンは次のように結論している。(7)「フランスでは、ダーウィンの科学アカデミーの動物部門への受け入れが一八七二年に拒絶されたことが知られている。これはダーウィンが植物部門に受け入れられたのはようやく一八七八年になってからである」。これはダーウィン自身がエイサ・グレイに注釈している[8]——いつものように謙虚きわまりない仕方で——ことでもある。「私が植物部門に選出されるなどということはまったく冗談みたいなものです。この分野における私の知識は、マーガレットはキク科であるとか、エンドウはマメ科であるとかいったことを知っている程度のものです」。このことについて、一九六五年にノーベル生理学・医学賞を受賞したフランソ・ジャコブも、あるインタビューのなかで次のように言明している[9]。「どうしてチャールズ・ダーウィンは五回も科学アカデミーに入り損なったのか。なぜこうしたダーウィンに対する否定的評価が長く続いたのか？［…］それはフランスの自然史学者がアングロ・サクソンの理論を嫌っていたからである。フランスの学者はジャン＝バティスト・ド・ラマルクのようなフランスの理論を好んでいたのである」。反ダーウィンの最後の砲撃は彼をラマルクの剽窃者であると紹介するものであったが、しかしあとで見るように、ラマルクは自然の機能についてそれほど十分な説明を行なってはいない。一方ダーウィンの祖国では、一八六四年に王立協会《ロイヤル・ソサエティ》が、ダーウィンに最高位の栄誉であるコプリ・メダルを贈呈している。ただしそれは『種の起源』とは関係がないとの注釈付きではあったが……。一九三八年、ポール・ルモワーヌ教授が『フランス百科事典（*L'Encyclopédie française*）』に、「ダーウィニズムを信じているものは誰一人いない」、「この学説は放棄されつつある」と書いている[10]。現在、科学界においては全員一致で、進化論は仮説ではなく事実として語られているが、この生き物の世界についての信頼に足る比類なき説明は、イスラム教徒や福音主義者の大部分からつねに否定の対象とされている。そしてアメリカ人の半分は聖書の説明の方を愛好している。

天文学者の〔ウィリアム・〕ハーシェル〔一七三八～一八二二、ドイツに生まれイギリスで活動した〕

は進化論を「でたらめの理論」と形容している。牧師であり地質学者でもあったダーウィンの元教授のアダム・セジウィック（一七八五～一八七三）――この人物についてはあとで言及する――は、『種の起源』が刊行されたとき、ダーウィンに次のように書き送っている。「あなたの重要な結論の多くは、帰納法的推理によっては――言い換えれば経験的観察に基づく一般化によっては――証明もできなければ反論もできない仮説に基づいています」。科学哲学者も、ダーウィン的な単一の推論様式を背景としない尋常ならざる証明の仕方を把握することは難しかった。最大の科学哲学者と見なされるカール・ポパー（一九〇二～一九四四）も、ダーウィニズムの尋常ではない性質の罠にはまった。ダーウィニズムは帰納法的推理によって確信に至るという通常の証明法ではない。この異型の科学を前にして、ポパーは最初、「〔これは〕検証可能な科学理論ではなく、形而上学的研究プログラムである」と結論するが、一九七八年にそれを撤回している。[11] ダーウィン自身が「共通の祖先の理論」と名付けたこの理論は、実際、「長ったらしい論証」であり、いくつものファクターを取り込んださまざまな証拠の集積である。そのなかのいくつかのファクターは地理の影響のような偶然的なものである。[12] したがってわれわれはこの本で、見かけよりもはるかに複雑なダーウィンの生き物の世界についての説明を明確なものにすることを試みる。結論から言えば、ダーウィンの理論的説明は、ニュートンの引力あるいはアインシュタインの相対性といったような一大原則ではなく、自然選択という中心思想を支えるための確実な事実を束ねたものにほかならない。

『種の起源』は神や人間について言及していなくても大きな論議を巻き起こした。ダーウィンはこの最初の理論の難産のあと、彼の理論をわれわれ人間種に適用するまで十三年近く待った。これもまたやむなくそうしたのである。しかしこの「人類学的沈黙」のあいだに、彼の思想は世界中に広まった。誰もがこの理論をよく理解しようともせずにわがものとしたのである。そして今日もなお、彼の支持者自体がこの理論の微妙なところを感知しないまま、全体として軟弱なコンセンサスに覆われつつ、論争は持続している。たしかにダーウィンは、一般的原理についてではなく重要な細部について、ときどき見方を変えた。つまりすべての専門家から見てダーウィニズムの中心思想である自然選択を調整するファクターが変化したのであり、これが誤解の元になった。進化論が現代的に総合化された一九四〇年代に至るまで、生物学者はこれを本当には信じていなかった。ダーウィンの友人で代弁者でもあるトマス・ハクスリーにしても信じていなかった！　しかしダーウィンにとって決定的に重要なものに見えていた種のあいだの競争は、あるとき、彼の目から見て環境の拘束力よりも決定的ではないように思われた。要するに、ダーウィニズムの支持者も反対者も、ひとりひとりが時間とともに変化するおのれの定義を有していたということだ。したがってこういったダーウィン思想の解釈者や歌い手たちのなかには、資本主義者も共産主義者も、唯心論者も唯物論者も、反教権主義者も信仰者も、平和主義者も軍事主義者も、優生学支持者も人道主義者も、ナチスも社会主義者も、マルクス主義者もアナキストも、すべてが混在するといった状況が生み出されたのである……

一挙に出現したのではなく、同時的に発見され幾人かの「発明者」によって徐々に熟成していった進化の思想の歴史をこれから要約していこう。次いでわれわれは、進化の思想がその成功にもかかわらず遭遇した無理解、隠された争点、心理的拒絶、そしてそれが思想の歴史に投げかけた波紋を分析していこう。そのときわれわれは、われわれがなおそのなかであがいている多数の混同、偏向、欺瞞を検討することになるだろう。その過程でわれわれは、ダーウィンの著作を通して、この進化論の父の人物像を描き出そうと思う。なぜなら、この理論ほどその創案者と深く結びついた理論はないからである。分子生物学の大きな発見のあと、偉人たちの倉庫にしまわれたはずのダーウィンがなお付きまとって離れないのはなぜだろうか？　ダーウィンについての本――とくに英語で書かれた本――は十分すぎるくらい存在する。しかし私にはつねに物足りなかった。なぜなら、ダーウィンは内に何か隠されたものを秘めており、彼の理論と同じほど複雑な人物でもあり、さらに彼の理論の人間への適用が過小評価され続けているからである。この著名な学者は通常流布している肖像よりももっと奥深いものを秘めているのではないか。そのことを知るために、私は彼について知っていることをさらに深めなくてはならないと思い立ったのである。ダーウィンの伝記作家たちは、ダーウィンが本のなかで詳細に展開している科学的記述や、今日よく知られている彼の人生のエピソードを主たる拠所にしている。しかしダーウィンの社会ヴィジョンは最大の注意をもって分析されなくてはならない。なぜなら、ダーウィンは自分の社会ヴィジョンが体制転覆的であることをよく知っており、それを隠蔽しようとしたからである。

しかしながら、ダーウィンが二千人以上の文通相手に書き送った一万五千通もの手紙、自分の子どもたちへの「私信」や「自伝」用と記して書き残した覚え書きといった、内面を綴った原稿を通して、彼の隠された素顔が浮かび上がってくるように思われる。彼はその慎重な性格によって論争に持ちこたえた。科学的教養のない画家ディエゴ・リベラは非難されてしるべきであろうが、歴史家アンドレ・ピショ[13]のような事情通の現代人も、ダーウィンを資本主義とナチズムの原因と見なしている……。これはこの二人がマルクス主義者であったためであろうか？　そうではない。なぜなら極右のイスラム原理主義者であるハルン・ヤーヤ(14)もまた、ダーウィンはスターリニズムの原因であり、二〇〇一年九月一一日のニューヨーク攻撃の原因でもあると非難しているのだから。地球は太陽の周りを回っていると主張した自由思想家ジョルダーノ・ブルーノ〔一五四八～一六〇〇、イタリアの哲学者〕が火あぶりの刑に処せられたように、チャールズ・ダーウィンも、人間は猿の親戚であると主張したことで火あぶりの刑に処せられるべきであったのだろうか？(15)

われわれは進化理論を解き明かしたあと、この理論がその後どう展開されたかを思い起こすことにする。というのは、この理論もまた、さまざまな発見に伴って大きく変化し補充されてきたからである。われわれはとくに、この論争の社会的帰結を重視することにする。この論争は単に科学的なものではなく、宗教、道徳、経済、さらには政治にも関係するものでもある。露骨に言うなら、ダーウィニズムは神への信仰を廃棄したのか、ダーウィンは自由思想の活動家であったのか、ということである。もっと露骨に言うなら、ダーウィンは、社会ダーウィニズムが思い起こさせるような「右翼」であったのか、あるいはダーウィニスト社会主義者が主張するような「左翼」であったのか、ということである。生命科学の研究者は熱狂的に支持するのに、人文科学の研究者の多くが批判的なのはなぜなのか？　ダーウィンは社会的な問いかけを行なっていたのか、それとも象牙の塔にこもって研究することで満足していたのか？

ミステリーのミステリー

私はこの真理を獲得するために耐え難いほど厳しく働きました。鞭に脅かされながら働く黒人もこれほど厳しくは働かなかったことでしょう。

ダーウィンが『種の起源』の校正中に友人のフッカーに送った手紙

種は互いに修正しあい変化するという考えはなにも突然出現したわけではない。アリストテレス（紀元前三八四～三二二）はすでに、生き物の共同体が存在し、複雑な諸段階が持続していることを理解していた。彼はこう書いている。「自然は無生物から植物や動物へと持続的に移行する」。アレクサンダー大王の家庭教師にとって、人間を含むすべての種のあいだの段階的移行は〈魂の増加〉つまり意識や理性の発展に依拠しており、人が多様で不変の種を生み出した上位の実体に近づくにつれて完成に向かっていく。一五五〇年、ジローラモ・カルダーノ[16]は、『精妙さについて（*De subtiliate rerum*）』という著作のなかで、自然の大いなる秘密を明らかにする。すなわち、生き物という存在は最も不完全なもの（金属）を起点として、植物、貝、虫、昆虫、魚、犬、猿などから人間に至るというふうに、連続的過程を経て出現した、というわけである。この存在の連鎖という考えは二千年間も権威を保ち続ける。われわれの時代になっても、イエズス会士の古生物学者テイヤール・ド・シャルダン（一八八一～一九五五）などは〈オメガ点〉〔叡智の究極点〕に向かう「意識の複雑性の法則」を喚起しており、ヤコブの梯子〔旧約聖書の天国へと延びる梯子〕とそれほど遠くない考えを持っている。アリストテレスは動物学者であり比類なき観察者でもあった。彼は五百種類もの動物について記述し、そのなかには社会的に思考し生活する動物がいることを認識していた。アリストテレスは哲学者として知られているが、彼の生命科学と人間科学にあいわたる二重の専門知識は中世の終わりに至るまで西洋文化の思想的背景となった。アリストテレスは『ニコマコス倫理学』において、〔物事の〕原因を四つのタイプ〔起動因、形相因、目的因、質料因〕に区別しているが、それらをつらぬく〈究極因〉は、翔ぶために「つくられている」翼あるいは見るために「つくられている」目などの〈機能〉にあるとした。しかし、なんらかの超自然的存在の意志でないとしたら、明らかにある目的を有するこうした複雑な構造はどのようにして出現したのだろうか？

生物学者がこの難問から抜け出すのに二千年かかった。生物学者はようやく〈ホモロジー〉と〈アナロジー〉を区別した。つまり人間の手とコウモリの翼を共通の祖先から派生した器官と捉える〈相同的《ホモロジー》〉観点と、昆虫、鳥、コウモリの翼を機能的に収斂した器官と捉える〈類比的《アナロジー》〉観点とを区別したのである。これはアリストテレスが考えたよりも複雑なことであり、生物学者は長いあいだ、生き物の存在が無生物の世界と同じほど単純な規則によって説明できないのは〈どうして〉なのかという問題にこだわった。

私が大学で勉強していた時代はクロード・ベルナールとルイ・パスツールのデカルト的思考が生物学の支配的潮流であり、なによりも目的原因説を採用してはならなかった。つまり人間の目的を動物に帰着させてはならなかった。しかし私は、目の機能を喚起せずにどうやって目について語ることができるのか、つまり目的原因説を採用せずにどうやって目について語ることができるのか、自問し続けていた。今日、進化論的思考で形成された近代的教育者は、〈近接原因〉つまり〈どのようにして〉――たとえば肝臓が胆汁を分泌する生理学的理由――と〈目的原因〉つまり〈なぜ〉――たとえば目や翼が機能する理由――とを区別している。後者はアリストテレスが〈究極因〉と呼んだものである。

キリスト教時代以前にも、アリストテレスの適応的直観は、ルクレティウス（紀元前九八～五五）によって否定されていた。ルクレティウスは『物の本質について（*De natura rerum*）』〔樋口勝彦訳、岩波文庫〕のなかで次のように書いている。「思考の重大な悪徳、絶対に避けなくてはならない誤りが存在する。目の力は、われわれが思い込んでいるように、われわれがものを見ることを可能にするために与えられたのではない。この種の説明はすべて間違いであり、真理とは逆のものである。というのは、われわれのからだのなかでわれわれが使うためにつくられたものは何ひとつないのであって、人はつくられたものを使うだけなのである［…］」。私が思うに、われわれのすべての器官は、われわれがそれを使用する以前から存在していたのであり、したがってそれらの器官が創造されたのはわれわれの必要に応じてのことではないのである」。つまり、このラテン詩人にとっては、目はものを見るために使われる以前から生物のなかに存在していたということである。しかしこの理屈には無理がある。というのは、目はその機能が偶然生じるようなことはありえない複雑な器官だからである。このパラドクスからいかにして脱却するか？

目の形成の謎は、それ自体固有の論理を有する進化の罠と独創性を示すものである。というのは、自然のなかには、原始的生物の感光細胞と、水晶体と瞳孔を備えた哺乳類の目とのあいだに、あらゆる中間状態が存在するからである。進化のもうひとつの謎、空間を賢く使う蜜蜂の巣の六角形の房室と、認識機能を完璧なほど備えた昆虫の蠟膜との関係も同様であると言える。ダーウィンは円筒形のような房をつくる原始的蜜蜂を探し当てた。この発見によって、最初は単純な形だった蜜蜂の房が、長い年月にわたる種のあいだの競争のなかで、どのように上位の知性の営みの結果であるかのような完全な幾何学的形状に到達したのか、その過程を理解することができるようになった。物理的世界では原因はつねに結果に先行するが、生物の世界では相互作用が働いて、その結果しだいに複雑で完全な適応が生じる。進化の過程は原因と結果の往復運動をつくりだすのである。たとえば肉食動物は獲物に適応して、大きな歯を有する個体が有利になる。しかしその間に、草食動物は肉食動物に適応して、捕食されることから逃れるために長い脚を持つようになる。これが数百万年続いても、一方が他方を排除することはできず、ともに平行的に進化するということである。要するに、自然界においては、目的、機能、合目的性といったものへの精巧な適応があるのだが、これはしかし目的原因説に通じるということではない。

ダーウィンが最終的に「ミステリーのミステリー」と名付けた進化についてのこのような考えは生物学に大きな影響をもたらすものであるが、とくに人間にとってさらに大きな影響をもたらすものでもあり、私のこの本のテーマもまさにそこにあると言わねばならない。素朴ではあるが心地よくもある聖書的天地創造説を拒否するなら、人間は大量の実存的問題に直面せざるをえなくなる。すなわち世界はどこから来たのか？　人間はどこから来たのか？　われわれ人間は他の種とくに猿とそんなに大きく違っているのか？　人間の固有性を構成していると思われるわれわれの知性、道徳、芸術、宗教といったものはどこから来たのか？　ダーウィンは科学者としてだけでなく反順応主義哲学者として、人間は動物界から出自しただけでなく他の動物と基本的に変わりのない一動物でもあると結論づけたが、この結論はわれわれ現代人にさらに大きな問題をつきつける。なぜならダーウィンは次のように書いているからである。「人間の精神と最も高等な動物の精神との違いがいかに大きかろうとも、その違いは明らかに程度の違いでしかなく種の違いではない」。

そうした時代的背景の中で、ダーウィンは終生一貫して、自分が引き起こした論争から距離をとり、病気のために自宅に引きこもった。彼のからだは世界周航をしたときにはベストコンディションであったが、ロンドンに戻ってからからだを壊した。その原因は謎のままである。ダーウィンはからだ全体が衰弱し、胃の痛み、鼓腸、吐きけ、動悸、めまい、不眠、発疹、嘔吐、神経性痙攣、激しい震えなどに悩まされた。一八四二年つまり三十三歳のときから、彼は長時間歩くことができなくなった。医者はお手上げで、父親や兄弟も打つ手がなかった。

ダーウィンの伝記作家たちは、この持続的な体調不良を、シャーガス病（トリパノソーマという原虫による感染症）のような寄生虫病が原因であるとした。南米で感染したということは十分に考えられる。というのは、ダーウィンは旅行中にこうした出来事に出くわしたことを報告しているからである。しかし最近の伝記作家は、そうした外的原因ではなく、心身相関的障害であると推定している。[17] 最初の内的葛藤は、神を深く信じている妻と、彼女を愛してはいたが死後の共生を信じなくなり妻を苦しめることになった夫との衝突から生じたものであろう。二番目の葛藤は、ジキル博士――ダーウィンは地上におけるわれわれの存在を説明するという科学的大発見を世界にもたらしたことを誇っている

――と、誰も閉じることができないパンドラの箱をあけてしまったことに罪悪感を感じているハイド氏との交差から生じたと思われる。この矛盾した心理状態が彼の私的生活と公的生活の双方にわたって彼を苛んだのであろう。このことは彼のような感受性の強い性格の持ち主にとっては耐えられないことであったと思われる。ダーウィンが真理をはっきりと表明しにくかったのはそのためであろう。ましてやこの真理はきっと無理解にさらされるであろうしろものである。しぶしぶではあれ神を信じる世界に呪いの言葉を投げかけなくてはならない。敬虔な妻同様、彼自身も尊重しているキリスト教道徳は窮地に陥るのではないだろうか。ともあれ、やがて成功を博することになるこの革命的な本を書くために流産した多くのくわだてがあり、そこにはたくさんの悩ましい問題が包含されている。ダーウィンの執筆は「十三か月十日間の厳しい仕事であった〔…〕。私をほとんど半殺しにしたこの本、とてつもない労苦を伴った忌まわしいこの本を、私はほとんど憎んでもいる」。彼はさらにこの本を「永遠のレジュメ」であり「呪われた本」であるとも呼んでいる。

年代記的に見ると、ダーウィンの病気は心身相関的なものであると解釈できそうである。彼は一八三七年に旅から帰って進化論を思いついたころ病気になり、一八七二年、つまり『人間の由来（*The Descent of Man, and Selection in Relation to Sex*）』と『人間と動物における感情表現（*The Expression of the Emotions in Man and Animals*）』〔『人及び動物の表情について』浜中浜太郎訳、岩波文庫〕が刊行された直後に、奇跡的に回復している。ダーウィンは、この二冊の重要著作で、「すべてを語り尽くした」のである。彼はこの著作で十二年におよぶ「人類学的沈黙」から抜け出した（彼は『種の起源』では戦略的及び心理的な理由から〔人間という〕主要な争点を扱わなかった）。そしてダーウィンは、自分の進化論が留保すべき点や微妙な点を含みながらも（彼はそのことを強調しており、あとでわれわれはこれを分析する）、人間にも適用されうることをついに認めたのである。

ともあれ、ダーウィンの体調不良の原因についてのこの二つの説は対立するのではなく相互補完的なものである。この病気は、一方で、彼の旅行中に――つまり彼が進化論を着想したり婚約したりする以前から――始まった。これは心身相関説に反する主張である。しかしダーウィンの感じやすい精神は、旅行への出発以前――探検旅行に不向きではないかと言われることを危惧したとき――から現れていて、動悸や心臓病の前兆があった。とにかく、彼の虚弱体質が寄生虫症を重症化させたことは確かであろう。ウエストミンスター寺院の管理人が、ダーウィンの遺骸にＰＣＲ検査をすることを許可したことからも、これを窺い知ることができる(18)。

〈大建築家〉のプランとは何だったか？

多くの著作家は、〔種の分類は〕神が生物をつくった法則を発見しようとするためであると主張している［…］。それに対して、われわれの行なう分類は（できうるかぎり）系統学的なものになるだろう。それはわれわれに創造のプランと呼びうるようなものを与えてくれるだろう。

チャールズ・ダーウィン

フランスの最初の植物園はモンペリエ〔南仏の都市〕につくられた。それはつくられてから五百年たった今も、研究対象はもっぱら薬用植物であるが医学部に帰属している。船乗りたちが遠くの国々から持って来た植物が現在もあって、なかには彼らがはじめてフランスに持って来たイチョウの巨木も存在する。この二千年も生きることができる生きた化石のような植物は、つねに医療用によく使われているが、三億年前から存在する植物の系統をひく最後の生き残りである。したがってこの木は恐竜の出現よりも五千五百万年も前から存在していたということになる。

　世界をめぐる大発見の時代、植物学は応用科学であり、フランスへの植物の移入は順化の期待を担っていた。現在われわれは、じゃが芋のように当時はエキゾチックであった野菜や果物から栄養を摂取している。植物は、最初、植物園のなかの適当な場所に植えられていたが、やがて湿度や日光の必要に合わせて並べた方が効果的であることがわかった。国王アンリ四世からモンペリエの公園をつくる許可を得た医学と植物学の教授ピエール・リシェ・ド・ベルヴァル（一五五五頃～一六三二）は、高さ数メートル長さ数十メートルの小高い丘をつくった（これは今も現存している）。それは大きさではなく彼の着想――常識的ではあるが革命的でもある――から〈リシェの丘〉と命名された。この丘のおかげで、陰性植物を植物園のなかの北側に、陽性植物を南側に植えることができるようになった。これは生態的地位という考えの最初の実践的適用であり、いわば科学的生態学《エコロジー》の出生証明であった。

モンペリエの植物園の代々の教授は、葉や花などの類似を探しながら、植物のより自然な分類の仕方を見つけようとした。たとえばモクレン(magnolia)に自分の名前をつけたピエール・マニョル(Magnole)教授は〈科〉〔〈目〉の下、〈属〉の上の分類区分〕という概念を考案した。たとえばhomo sapiensとかGingko biloba〔イチョウ〕といったような現在もよく使われている二命名法を発案したカール・フォン・リンネ(一七〇七~一七七八)は、こうした植物学教授たちと文通していた。リンネは、動物と植物を大きな系統樹のなかにまとめた生き物の世界の分類を完成させ神の作品をそれに当てはめようとした。彼は〈大建築家〉のプランを解読しながら、次のように書いている。「神は最初にさまざまに異なった形をつくりだしたが、現在それと同じくらいのさまざまな異なった種が存在する」。

現在の種と過去の種のこうした類縁関係は当時の思想家たちのなかに多くの問いを引き起こした。ドイツの偉大な哲学者・科学者であるライプニッツ(一六四六~一七一六)は、『プロトガイア』〔谷本勉訳、『ライプニッツ著作集第I期第一〇巻』工作舎、所収〕のなかで、かつて存在した多くの生物がもはや存在しないこと、そして現在生きている生物のなかにはかつては存在しなかったものがあることを認めていた。ライプニッツは、地殻変動によって「動物種は幾度となく変化した」と推測した。したがって最も単純な生物から人間のような最も複雑な生物に至るまでの「存在の大きな連鎖」――その頂点は神――があると考えていた。ただし、この連鎖は自然の気まぐれによって攪乱されることもあり、必ずしもひとつの種から別の種への移行がつねにあったわけではない。

リンネと同じ年に裕福な家に生まれ、この時代のフランスで最も影響力を持っていた自然史家はジョルジュ・ルイ・ルクレール、通称ビュフォン伯爵(一七〇七~一七八八)である。しばしば天才と見なされたこの人物は、その脳が普通の人間よりも五百グラム重かったと言われている（ちなみにアナトール・フランスの脳は五百グラム軽かったという）。彼は宮廷と関わりがあり、とくにポンパドゥール公爵夫人のサロンに出入りしていたが、百科全書家〔啓蒙哲学者ディドロの編集した百科全書の執筆者〕でもあった複雑な人物で、動物界について功利主義的ヴィジョンを抱いていた。彼は生き物の世界を自然的世界と呼んでいたが、著名な哲学者ヴォルテール（一六九四〜一七七八）は「それほど自然ではない」と見なしていた。ビュフォンにとって、「驢馬《ロバ》は馬の退化した形以外のなにものでもなかった」。それは猿が「退化した人間」であるのと同じことであった。ビュフォンの描く種の序列体系のなかにおいて、われわれ人間は桁外れの優位に立っている。彼はこう言う。「外見も含めて、あらゆることが他のすべての生物に対する人間の優越性を証明している」。ビュフォンは、当時昆虫の重要性を力説していた昆虫学者レオミュールに対して、次のように説明している。「蠅は自然史学者の頭のなかで、蠅が自然のなかで占めている場所よりも大きな場所を占めるものであってはならない」。

そうではあっても、彼は人間と動物（とくに猿）との形態学的・生理学的類縁性は認めざるをえなかった。ビュフォンの種の分類はあまりに人間中心主義的であったので、リンネ（彼は神を深く信じてはいたが、より客観的であった）と不一致をきたしていた。リンネは生物不変説つまり進化（論）に反対の立場に立ち、特殊創造説の信奉者として、生物の分類における神の思想を解読できると確信していたが、人間を霊長類に含めている。この結論はリンネにとって科学的に無視できないものと思われたが、しかしそれは彼の宗教的確信とはまったく相容れないものであった。リンネは一七三五年、次のように嘆息している。「私は人間と猿が異なった〈属〉に属しているという区別を可能にするようないかなる相違も見いだせない。なにかひとつでもそういった相違を誰かに教えてほしいものだ！」。これはリンネの洞察力と知的誠実さを証明するものであり、同時に自然の分類と生物（とくに人間）の起源との密接な関係を証明するものでもある。

ビュフォンにとって世界は不易の普遍的秩序によって治められていた。一七四九年、ビュフォンは『一般的・特殊的自然史』〔『ビュフォンの博物誌』ベカエール直美訳、工作舎〕を刊行し、フランス人を熱狂させた。それは自然科学への導きの書であり、生命の出現を説明するのに神に依拠せず自然原因を主張した最初の著作でもあった。この自然史学者にとって、進化は存在するが、ただしそれは逆向きに機能するものであった。つまりすべての生物は最初から存在していたものであるが、そのなかにはその後退化したものがある、というわけだ。ビュフォンは時代に先駆けていたが伝統主義者でもあり、科学と宗教は分けて考えるべきであると思っていた。彼は王政主義者ではあるが聖書はほとんど信用せず、地質学的知識によって、地球は聖書に依拠する教会が断言するように六千年の歴史しかないわけではないことを理解していた。ビュフォンは、白熱させた金属の塊が冷えるまでの時間について実験を行なったあと、『大地の理論』という著作のなかで、地球は七万四千年以上前から存在すると推定し、あらゆる生命の起源をその中間の時期に置いた。しかし今日、彼の計算は間違っていたことが知られている。なぜなら地球と生命の歴史は数十億年もさかのぼることが知られているからである。それはともかく、ビュフォンはソルボンヌの神学部からの圧力で、ガリレオと同じように前言を撤回しなくてはならなかった。望遠鏡で星を観察した――それによってコペルニクスの説が裏づけられた――ガリレオは一六三三年、「太陽が世界の中心であることを公言したために異端の嫌疑をかけられた」。地球は動いていないことを公的に認めることを強いられたガリレオは、伝説によると〈それでも地球は動いている〉[19]とつぶやいたと言われている。しかしビュフォンは前言撤回する際に、かの著名な先行者ガリレオほどは感情が傷ついたわけではない。ビュフォンはこう述べている。「ソルボンヌが私に言いがかりをつけたとき、私はソルボンヌが欲しているあらゆる満足を満たしてやるのになんら困難を感じなかった。ちゃかしてやったのである。人間はそれで満足するほど阿呆なのである」。歴史の皮肉と言おうか、もうひとりの天才的日和見主義者ヴォルテールも、地球の歴史の指標と見なされる化石という微妙な問題について、ビュフォンと言い争った。しかしヴォルテールも結局自らの非を認めて謝罪し、自説を引っ込めることになった。なぜなら彼は「貝殻のことなどでビュフォン氏といさかいをし続けること」を望まなかったからである。

ジョルジュ・キュヴィエ〔一七六九～一八三二〕は、彼の先達ビュフォンの本を読んで天職を見つけたが、十九歳にしてすでにビュフォンに取って代わりたいと思っていて、彼の死を歓迎した。「自然史学者たちはようやく親分を失った」。キュヴィエもまた、種の進化の問題に取り組んでいたが、はっきりと否定的な見解を持っていて、先達ビュフォンは大胆すぎると判断していた。キュヴィエは、個体の変化は家畜動物に見られるが、それは人間が原因であると考えていた。ナポレオンの遠征隊がエジプトから持ち帰ったミイラと現存の動物とのあいだに、彼は相違を見いださなかった。彼によると、それは種が進化しないことを証明するものであった。しかしキュヴィエは、リンネのように、競争する相手がいなかったら地球上の自然の生き物は有り余るほど増殖するであろうことを指摘した点で先駆者と言える。これは進化論の出発点のひとつなのである。

キュヴィエの生命の歴史に対する関心は意外なことではない。というのは、彼は比較解剖学と脊椎動物の古生物学の創始者と見なされている人物だからだ。化石の岩と消滅した種の謎に対してキュヴィエは、それは〈天変地異《カタストロフィズム》〉によるものだと答えていた。この説はすでに、生命は神の唯一無二の創造によるという考えを問いに付すものであった。一連の洪水と地震によって神の天地創造が繰り返されたということであり、これが地質の不連続によって分離された化石の堆積を引き起こしたということである。しかしキュヴィエは、この地球の革命がなぜ起きたのか、あるいは洪水のときになぜ水生の種が消滅したのか、さらにはなぜ生きた化石が現在まで生き残ったのか、といったことについては何も言わなかった。振り返ってみると、こうした種の変化に対する拒絶は理解しがたい。なぜならキュヴィエはこのときすでに、特殊創造説に打ち勝つ古生物学の前提となるものの大半を自らの手中に収めていたからである。彼はまた、動物相は大陸によって違っていることに気づいていた。したがってキュヴィエを生物地理学の先駆者と見なすことができるだろう。しかし彼はその相違を地域的影響に帰していた。彼はこう言っている。「土地が植物を産みだし、植物が動物を産みだす」。

　現代よりも知的活動が盛んだったこの時代、学者たちの主たるジレンマは、時代の趨勢的思想と地理学的・科学的発見について、どうやって折り合いをつけるかということだった。当時、発見は続々と続き、概念体系全体を浸食し、宗教教育に由来する確信を日々問題に付していた。化石の発見と種とのあいだの相似性の発見を前提として、万物の創造が〈神の介入《デウス・エクス・マキナ》〉なしで起きたことをどう説明することができるか、ということである。ヴォルテールはそれを次のように表現している。「世界は私を当惑させ、私はこの世界という時計が存在すると思うことができない。時計のつくり手がいないのだ」。

自然史学者たちは、生物の世界を理解するために動物から始めたのではない。動物の研究は難しすぎるのである。生物学の諸原理はまず植物について明らかにされた。植物はわれわれから逃げ出すことはない。多くの教会関係者は植物採集者であった。彼らは植物を分類しながら病気の治療に使った。彼らはまた、とくにイギリスでは、自然に近づこうという感覚を持っていた。自然や僧院の庭のなかに神の秘密を探ろうとしたのである。自然の驚異は神に対する尊敬を呼び起こし、彼らはそこに神の存在の証しを見いだしていたのである。

ダーウィンが牧師の道を歩もうとしたことがあることを忘れないでおこう。彼は神による創造という議論に深い感銘を受けていた。彼はケンブリッジで神学を学んでいるとき、かつてウィリアム・ペイリー（一七四三〜一八〇五）がいたのと同じ部屋に住んでいた。この学殖豊かな司教は当時ベストセラーになった『自然神学』の著者だった。この本はダーウィンが生まれる六年前に刊行されたもので、時計を用いたたとえ話から始まっていた。「私が地面に落ちている時計を見つけたとしましょう［…］。時計を子細に見てみると、そのさまざまな要素が明らかにある意図をもって組み立てられていることに気づきます［…］。時計のなかに存在しているある企図の現れはすべて自然の営みのなかにも存在しているのです［…］。発明は発明者がいなくては生じません。意図は知的存在がいなくては生じません」。われわれは最終章で宗教と進化とのこの緊密な関係を分析する。ただし、神の摂理という考えはキュヴィエの時代の支配的潮流であり、当時の学者たちも神による万物の創造という説明以外の考えを持ってはいなかった。科学的理論は時代の支配的思想と無関係ではない。ビュフォンは科学と宗教を分離しながらも、一七七四年に次のように書いている。「自然の奥深くに入り込めば入り込むほど、私はよりいっそう自然に感嘆し自然の作者を深く尊敬するようになる」。

生物の構造上の基本様式の研究は科学的問題であると同時に宗教的問題でもあった。というのは当時、比較解剖学のような古生物学が成熟の域に達していて、さまざまな生物のあいだの類似性を探究し種の分類を行なうことによって、〈大建築家〉の意図を解明することができると考えられていたのである。動物のボディプランはいくつあるのか？ キュヴィエは「四つ」だと言うのに対して、自然史博物館の比較解剖学の教授ジョフロワ・サンティレール（一七七二〜一八四四）は「一つ」だと反論した。作家ゲーテは、今日では何の根拠もないこの議論がどういう影響力を持っているかを理解した。ゲーテはヨハン・ペーター・エッカーマンを迎えたとき、開口一番「そう、火山が噴火したということですね！」と言った。それに対して、この彼の弟子＝秘書はこう応じた。「そうなんです。革命が起きて、シャルル十世が逃げ出したんです」。ゲーテがそれにこう答える。「そのようですね。でも、私があなたに言っているのはパリの科学アカデミーにおけるキュヴィエとジョフロワ・サンティレールの議論のことなんですよ」[20]。

実際、この論争は一八三〇年に公けになる。キュヴィエは四十年来の同僚ジョフロワ・サンティレールに対して公然たる闘いに突入する。キュヴィエを科学界に迎え入れ、いつもながらの寛大な精神で彼に博物館の職を得させたジョフロワ・サンティレールに対してである。たしかにジョフロワ・サンティレールは、脊椎動物と軟体動物は同じ全体図式でつくられているとか、人間の胎児は鳥や魚のように尾や鰓のある未進化の段階を経る、といった誤った考えを主張してはいた。人間は魚やカタツムリや鶏の親類であるという考えをどうやって受け入れたらいいのだろうか？　キュヴィエはこう叫ぶ。「いくら卑俗きわまりない唯物論者でも、ポリプ〔刺胞動物の一形態で遊泳生活をするクラゲに対し付着生活をするもの〕と人間が同じ構成、同じ図式を有しているなどということは、一瞬たりとも支持することはできないだろう。これは明らかなことだ！」。ジョフロワ・サンティレールは、魚類、爬虫類、鳥類、哺乳類（したがって人間）はからだのなかに骨格があり、昆虫はからだの外にあるのだから、脊椎動物と無脊椎動物は起源が同じである、とまで主張していた。キュヴィエがこの論争の勝者となるが、彼は次のような論理を展開した。ジョフロワ・サンティレールはアリストテレスと同様に類縁関係の相似性と機能の相似性とを混同している。〈ホモロジー〉つまり類縁関係にある動物の同じ器官（犬の前足や後ろ足とコウモリの翼のような）は、〈アナロジー〉つまり縁遠い動物において同じ機能を有する器官（鳥や昆虫やコウモリの翼のような）と混同されてはならない。

キュヴィエはこのように、自分の元先生でライバルになったジョフロワ・サンティレールを、強大になった自分の力を使って公然と嘲笑した。キュヴィエは、執政政府時代、総裁政府時代、帝政時代、王政復古時代、七月王政時代、シャルル十世時代と連続的に変化した時代を悠々と乗り切った。彼は科学アカデミー〔当時の国立学士院〕幹事会員、アカデミー・フランセーズ会員、コレージュ・ド・フランス教授、エコール・サントラレ・デュ・パンテオン〔フランス革命期の大学校〕自然史学教授、国立博物館比較解剖学教授、研究教育視学総監、レジオン・ドヌール勲章授勲委員会会員、パリ科学大学副総長、国務院《コンセイユ・デタ》調査官、フランス大学事務局長、プロテスタント神学大学学長、非カトリック宗教大臣、碑文・文芸アカデミー会員、貴族院議員、等々を歴任し、男爵の位も持っていた。

キュヴィエは古生物学の創設者として進化についてのすべての証拠を握っていたが、これを役立てることはなく、自らの立場に引きこもった。彼はまた、国立自然史博物館のもうひとりの同僚、生物学という言葉の発案者ジャン＝バティスト・ド・モネ（シュヴァリエ・ド・ラマルク、一七四四〜一八二九）に対して、とくにおぞましい態度をとり、科学アカデミーの報告書にラマルクを嘲笑する弔辞を書いた。ラマルクは死後まったく忘れ去られたのだが、彼こそが、一八〇九年、奇しくもチャールズ・ダーウィンが生まれた年、人間を猿から説き起こし進化の一般理論を提示した最初の人物であった。ジョルジュ・キュヴィエ、ジョフロワ・サンティレール、あるいはリチャード・オーウェン（一八〇四〜一八九二）にとって比較解剖学に基づいた分類論争にすぎなかった動物界のこの「全体プラン」が、一八五九年、『種の起源』のなかで、化石と同様に進化を示す大きな証拠となる。脊椎動物はすべて同じボディプランに基づいて構築されているからである。ダーウィンはこの相似性を共通の祖先を証明するホモロジーとして再解釈する。ダーウィンはこう書いている。「ものをつかむための人間の手、地面を掘るためのモグラの手、馬の足、ネズミイルカのひれ、コウモリの翼といったものがすべて同じモデルでつくられ、互いに同じ位置に置かれた似通った骨を含んでいることは注目すべきことではないだろうか？」

尺度とパラダイムを変えなくてはならない

動物や植物の形態の変化は人類の歴史が始まるよりも数百年も前に大規模な時間－空間のなかで起きた。

エラズマス・ダーウィン『ズーノミア』一七九六年

パリの植物園と国立自然史博物館の入り口にラマルクの彫像があるが、その台座に次のような言葉が刻まれている。「進化理論の始祖」。台座の裏側に失明した父を見守る娘を描いた浅い浮き彫りが彫られていて、次のような言葉が刻まれている。「わが父よ、後世はあなたを賞賛し、あなたの仇を討つだろう」。このいささか「愛国主義に偏った進化のヴィジョン」[21]は、不遇の天才、異端審問の犠牲となった殉教者というラマルクの通俗的イメージを強化するものであるが、そこにはいくらかの真実も含まれている。このことは一八四七年に匿名で公表されたキュヴィエの冷酷な肖像についても同様に言えることである。「彼〔キュヴィエ〕は自然史学者というよりも追従者であり、歴代の権力の意思に追従してふんぞりかえりながら栄光の頂点に達し、科学において嘆かわしい誤りを定着させた。つまり自然史は細部の科学であり、方法こそが自然史学者の最初にして最後の目的であるという誤りである。キュヴィエは精神を解放するような研究の成功のためには何ひとつ貢献せず、自分と異なった科学理解をしていた寛容な人々の学説が広まることを妨げた」。

一八三二年にキュヴィエが死んだとき、たしかに霊長類の化石はまだひとつも発見されていなかったが、「人間の化石はない」と断定するのはいささか早計であった。『種の起源』はそうした論争が真っ盛りのころに出版された。そのころ非常に古い人骨が打製石器と一緒に発掘された。フランスの専門家はこれに関心を持たなかったが、イギリス人はこれを人間と「ノアの洪水以前の動物」との共存を示す証拠だと考えた。

スウェーデン人カール・リンネ(一七〇七～一七七八)の着想の源となった偉大な自然史学者ジョン・レイ(一六二七～一七〇五)は、神の創造説を強化するかたちで自然界には決まった数の種が存在することを確認し、初めて種の近代的定義を行なった。すなわち「自らに類似した他の個体を生殖によって生み出す個体の総体」。したがって種が別の種に進化するものと捉えるためには、こうした種についての固定的考えから脱却しなくてはならなかった。

この進化の思想の黎明期に、チャールズ・ダーウィンの祖父エラズマス・ダーウィン(一七三一～一八〇二)が、『ズーノミア、あるいは有機的生命の法則(*Zoonomia; or, The Laws of Organic Life*)』という本を出版した。そのなかで、この植物学者でもある医師は、鉱山の奥で見つかった化石は大昔からの生命の進化を証明するものであると見なしていた。彼は、象の鼻や猛禽類の嘴といった動物の構造は「被造物の幾世代にもわたる不断の努力によって徐々につくられたものである」と述べている。イギリスの詩人コウルリッジ(一七九六～一八四九)は、エラズマスの孫のチャールズがのちに「性選択」という概念で展開したこの考えを「オランウータンの神学」と形容した。チャールズはこう書いている。「雄どうしのこの闘いの最終目的は最も強く最も行動的な動物が種を繁栄させることであり、種はこうして改良されていく」。チャールズ・ダーウィンの祖父は、以下の三つの考えだけとっても、ダーウィニズムの始祖という名に値するだろう。(一) 人間の腕と鯨のヒレは類似していて、これは起源の共通性を証明するものである。(二) 人間の胚の発展は種の進化をたどるものである。(三) 飼育・栽培業者による育種は自然が種を修正する能力を有していることを証明するものである。

しかしエラズマス・ダーウィンの進化論は、宗教的、社会的、政治的な理由で断罪された。のちに彼の孫がなぜこの進化論というメダルのきな臭い裏側を回避しようとしたか、その理由がすでにここに窺われる。

個体は多様であり種は不易ではないということをロバート・チェンバース(一八〇二～一八七二)に確信させたのが、彼が手と足にそれぞれ十二本の指をもって生まれたことであるかどうかはわからない〔ロバートは多指症であった〕。ともあれ、このスコットランドの自然史の出版業者は、一八四四年に『天地創造の自然史の痕跡』という本を出版してスキャンダルを起こした。この地質学愛好家は神の存在を認めてはいたが、聖書は時代遅れであると見なし、科学が生物の世界の誕生を説明することになると主張していた。彼の本は爆弾のように炸烈し、十年で十二版を重ね二万四千部が売れた(これは『種の起源』の二倍半である)。この本は当時異端中の異端であったので、その作者は死後になってからしか知られなかった。ケンブリッジ大学の科学教授でダーウィンを深く信じてもいたアダム・セジウィックは、この本に対する激烈な批判を四百ページにわたって展開した。「世界は転覆されるわけにはいかない。われわれはわれわれのほどよい道徳的規範や社会的風習を侵害するあらゆるものに対して殲滅戦争を遂行する用意がある」[22]。チェンバースはドグマを排した開明的愛好家として、化石は地質年齢に応じて徐々に出現し複雑化していくこと、最も進化した動物は最も最近の動物であること、個々の動物集団はひとつの全体プランに基づいてつくられていること、胚は同系統のより原始的な種に類似した段階を経ることなどを確認していた。しかし科学界において誰ひとりとして、この新参者チェンバースの秀逸な説明を信じなかった。それは彼の本が、専門家が仰天するようなアマチュア的無邪気さを包含してもいたからである。チェンバースはエラズマス・ダーウィンと同様に理神論者であったが進歩主義者でもあり、彼の洞察はチャールズ・ダーウィンが十五年後に慎重のうえにも慎重を期しながら出版することになる『種の起源』の試金石となったのである。

科学界でも思考の進化が起きていた。ダーウィンが「イギリスのキュヴィエ」とあだ名をつけた古生物学者リチャード・オーウェンは、骸骨の化石を見つけたが、パリで出会い研究を共にした彼の先駆者とはちがって、それを生物不変説とは結びつけなかった。その方が時流にあっていたのだ。この恐竜という言葉の発案者は、アリストテレスのようにホモロジーとアナロジーを混同しなかった。しかし相同器官が共通の祖先という考えで説明しうることを理解するためには、ダーウィンを待たねばならなかった。『種の起源』が出版されたとき、この妬み深い人物（彼はダーウィンが収集した化石を使っているので恩知らずでもある）は、ダーウィンが言っていることはすべて思弁的なものであると見なすことになる。しかしオーウェンはダーウィンの理論に取って代わる理論を打ち出すことはできなかった。

化石から土地の年齢を確定した最初の人物で、近代地質学の父と見なされているチャールズ・ライエル（一七九七～一八七五）は次のように考えていた。「地球で現在作動している原因は過去にも作動していた」。ライエルの精神的息子とも言えるチャールズ・ダーウィンは、ウエストミンスター寺院でライエルとニュートンの傍らに眠っている。この生徒は、ライエルの〈原因作動論〉は生き物の進化に適用することができると考えた。しかし師はこの考えを拒否した。ダーウィンが証拠を見せたにもかかわらず、この信心深い地質学者は、キュヴィエと同様に死ぬまで一貫して、自然の法則は奇跡や地震をも超えた上位の力の表現であると主張した。神は創造の細部までは気にかけないというわけだ。今日とくにアメリカ合衆国ではやっている〈神の知的設計《インテリジェント・デザイン》〉という考えがすでにここに出現している。

「現在は過去を解明する鍵である」とするチャールズ・ライエルはアンチ・キュヴィエと言える。なぜなら彼は〈天変地異説《カタストロフィズム》〉に〈現行説《アクチュアリズム》〉を対置したからであり、これはダーウィニズムに引き継がれることになる。しかしキュヴィエは必ずしもいわゆる聖書地質学者——古生物学的与件を洪水と結びつける者——ではなかった。彼は単にノアの箱船のエピソードを最新の〈海進〉の歴史的記憶と見なしただけである。当時多くの学者が共有していたキュヴィエの〈天変地異説〉は、その後百五十年間地質学の世界から排除されていたが、一九八〇年代になって復権された。大規模な種の絶滅が六千五百万年前の小惑星の衝突によって引き起こされたことが発見されたからである。この小惑星の衝突による大規模な絶滅によってとくに恐竜がいなくなった。

時がたち知識が増していくにつれて、現在ならびに過去の種に見られる事実を首尾一貫的に説明するには、説明システムつまりパラダイムを変えねばならないことになった。聖書への参照では解釈できない発見の蓄積に鑑みて、自然原因が地球の進化や生物の進化のなかで作動し続けていることだけでなく、種は不変ではないこと――地理が年とともに変化して動植物群を分離し、さまざまな異なった種をつくりだしたこと――を認めざるをえなくなった。ダーウィンの祖父が予感したように、時間の尺度も変えなくてはならなかった。地球と生物の進化は数千年単位ではなく数百万年単位で見なくてはならないということだ。

かくして種は変化するという考えは時代の流れとなり、ラマルクが一八〇〇年に『革命暦八年の〈自然史博物館における〉動物学開講講義』のなかで初めてその考えの全体的素描を行なった。彼は動物の行動、環境、適応に力点を置くという独創性を有していた。とりわけこの進化の動きのなかに人間を組み込むというリスクも犯しながら、われわれ現代人の多くが現在でもまだ理解しきれていないわれわれの未来にのしかかる脅威を一八一七年に予言している。「人間は人間全体の利害にうといエゴイズムによって、また自らが自由にできるものはなんでも弄ぶという性向によって、自己保存の手段を消滅させ自らの種を破壊することにいそしんでいるように見える」。ラマルクの進化についての一般理論は自然発生と獲得形質の遺伝に依拠しており、この二つの考えは誤りであることが明らかになっているが、当時は受け入れられていた。滴虫類や寄生虫のような原生動物は腐蝕質から生まれたという考えは誤りであるが、しかしそれは当時ディドロや啓蒙哲学者が想像した自然発生よりも進んでいた。彼らは出来の悪い自然史家であり、生き物の複雑性を過小評価し、有機的分子が結びついて哺乳類になると考えていた。これはキュヴィエのあざけりの的となる。キュヴィエはこう言っている。「動物のからだや諸部分の形を時間の経過とともに構成したのは、習慣、生活の仕方、あらゆる状況的影響である。新たな形態とともに新たな能力が獲得されて、自然は徐々に、われわれが現在見ているような状態に到達したのである」。

世界旅行から戻ったダーウィンは、種の変化のメカニズム、秘訣、原因は、選択（淘汰）であることに気がついた。現在キリンの首が長いのは、木のてっぺんの葉っぱを食べる必要を感じている——ラマルクが想定したように器官は機能によって生み出される——からではなく、祖先のなかで最も首の長い者が有利になり繁殖することができたからである。同じ種の個体間には多様性が存在していてどんな環境であれ環境に最も適応した者を選び出す。たとえば空気が冷たいときには長い毛を持った者が有利になり、熱いときには毛のない者が有利になる。選択（淘汰）は必ずしも、より強い者、より能力がある者を決める個体間の生存闘争によって起きる（これはよく言われることだ）のではなく、より多くの子孫を育ててその遺伝的性格を伝達しようとする系統間の競争によって起きる。そうした競争によって生き残る者と消滅する者が分かれていくのである。「最も適応能力のある者が生き残る」という考えはラマルク的な個体概念にとどまっており、一種の同義反復《トートロジー》である。なぜなら、「誰が生き残るか？——最も適応能力のある者」は「誰が最も適応能力があるか？——生き残る者」と同じことだからである。それはダーウィン的な個体群という考えではない。

進化論の父ダーウィンは、自分の先駆者と混同されないことを強く望んだ。先駆者は自分と同じ研究対象、研究目的を持っていなかったからだ。ラマルクは個体の進化と進化の物理・化学的メカニズムに関心を持っていた。ダーウィンは個体群に関心を持ち、進化の原因を自然の拘束性のなかに探ろうとした。ダーウィンは、ラマルクの進化論は「まったくもって愚かさで織りなされている［…］。私はそこからなにひとつ事実もアイディアも引き出すことはできない」と書いているが、これは不当である。しかしながらダーウィンは、友人フッカー宛の手紙のなかで、ラマルクへの恩義を認めている。「ラマルクの馬鹿げた誤り、彼の進歩を信じる傾向、そして「動物の意志による適応」という考えなどから、天が私を守ってくれます。しかし私が到達した結論は多くの点で彼の結論と異なっていません。変化の作用因は両者のあいだでまったく異なってはいてもです。種が多様な目的に完全に適応するきわめて単純なやり方を私は見つけました（推定ではありますが）」。この二人の進化論の大理論家を区別するために、いささか陳腐な類比をするなら、ラマルクは進化論という車の仕組みを設計したが、エンジンが動かない。それに対してダーウィンは進化論を初めて前進させることができた、とでも言えようか。すなわち、種の変化は多様性と選択という二重のメカニズムで起きているということである。フランスの学者にとって諸個体は同一のものであるのに対して、イギリスの学者にとって諸個体はすべて異なっているのである。自然選択の燃料、進化の原動力になるのは、この個体の多様性なのである。なぜなら、他の者よりも適応力が強い者がおり、それがより多く再生産されて、そうした性格を伝達していくことができるからである。

ダーウィンは、旅行に持っていった経済学者ロバート・マルサス（一七六六～一八三四）の有名な本[23]（『人口論』）を読み返して着想を得た。この本は、生物は自然資源よりも早く増加すると結論していた。なぜなら「自然は二つの世界〔生物と自然資源〕に生命の芽を解き放ったが、自然資源は限定した」からである。自然史家ダーウィンはそこから、そこに欠けている競争のメカニズムを引き出した。「有利な変化が保存され、不利な変化が破壊されるという考えに、私は感銘を受けた。そこから新たな種の形成が導き出されるのだ」。

英国国教会牧師のマルサスはその本のなかで、アナキズムの先駆的理論家ウィリアム・ゴドウィン〔一七五六〜一八三六〕に応答していた。ゴドウィンは彼のフランス人の友人コンドルセ〔ニコラ・ド・コンドルセ、一七四三〜一七九四。フランスの哲学者、政治家〕と同様に、『政治的正義』〔加藤一夫訳、春秋社など〕という著書のなかで、地球の富は人間を際限なく改善し増やすために絶えず増大していく、という主張をしていた。マルサスはその逆で、個人が過剰に誕生するなかで、競争によってその一部しか維持されない、としていた。ダーウィンはどうかと言うと、種は個体群の異質発生に基づいて代々変化していく、と考えていた。ダーウィンは、飼育業者が犬や鳩や馬の特殊な品種を得るために長年にわたって人工的な選択を行なってきた経験を観察しながら、個体はすべて同一であるという伝統的概念から個体群と統計に基づく近代的思想へと移行した。ダーウィンは、家畜改良業者が適応力の劣る個体を排除して新たな形態をつくりだすのと同じように、自然選択は異質発生に働きかけると考えた。種はいくつかの遺伝的性格を選び出して自らの環境に適応していくが、それは不安定な均衡である。なぜなら環境条件は変化するからだ。要するに、個体群は進化と自然選択の土台であり現働的原理なのである。

自然選択という考えは決定的に重要であるが、理解されるのに数十年を要した。しかしこの考えはダーウィンのパラダイムの一面でしかない。実際、進化論は互いに複雑に入り組んだいくつかの理論で構成された説明システムである。この知的時計が独立的に——つまり神という創造者なしで——機能するために、進化論はまず生命のないものを起点として生命の起源を説き起こし、次いですべての生物——植物であれ動物であれ最も単純なものから最も複雑なものまでを含む——の子孫をひとつの共通の祖先から説き起こさなくてはならない。したがってこの新理論は神の創造説も生物自然発生説もともに拒絶した。後者は『種の起源』が出版されたのと同じ年にパスツールが論駁したものでもある。ダーウィンは優れた自然史家として、虫や微生物は無機物から自然発生するには複雑すぎること、気体割合が変化したので現在の自然の条件は同じではないことを理解していた。彼は一八七一年に次のように予言している。「生物が最初に生まれるために存在したすべての条件は、今も存在していると言われてきた。しかし、仮に（はなはだ大ざっぱな仮定だが！）、あらゆる種類のアンモニアやリンを含み、光、熱、電気などにさらされた小さな暖かい水溜りのなかで、タンパク質の合成物が化学的に形成され、さらに複雑な変化を被ろうとしていると想像することができたとしても、そのような物質は現実にはただちに食べられるか飲み込まれてしまうだろう。生物が形成される前の状態はそのようなものではなかったのではないか」。ところが、このシナリオがまさに図星だったのである。一九五三年、ノーベル化学賞受賞者のハロルド・クレイトン・ユーリーの実験室で、スタンリー・ミラーというアメリカ人学生が、「原始スープ（生命スープ）」に近い混合物を基にして、自然界には存在しない生物、生命体の前駆物質の塊のようなものをつくったのである。

ダーウィンの最も大胆な諸仮説の確認をもう少し行なっておこう。動物と植物の類縁関係はすでに想定されていたが、すべての生物が唯一の起源を持っていることが、種のあいだの生化学的類似性の研究によって証明された。同時に、この遺伝子のシステマティックなコード化――これは共通の起源を有しているがゆえにすべての生物においておおよそ同一である――の存在は、ラマルクの言う獲得形質の遺伝は不可能であるか、少なくともラマルクの言うように単純にはいかないことを示していた。

ダーウィンにとっては、さらに進化の漸進性を仮定しなくてはならなかった。つまり進化は大きなものごと――たとえば孤立した群から新たな種をつくるとか、感光細胞から高等動物の目をつくるとかいった――を少しずつ達成するということである。それは進化が生理的・系統的構造の激変のような飛躍や大きな変異によって行なわれるという仮説を支持する者にとって必ずしも明証されていることではなかった。さらにまた、自然選択がある者を有利にすることができるためには、しかもその形質が遺伝可能であるためには、あるひとつの種に属する諸個体がすべて異なっていなくてはならない。

かくして諸理論を結びつけた集合体は時計の機械装置のように機能する。時計の機械装置は個々の部分だけでは何の意味もないが、寄せ集めて有効にすると時間を示すことができる。進化のような複雑な問題の解決をダーウィンよりも早く見つけることができた人がいなかったことに不思議はない。しかし進化に関わる要素は自然のなかにつねに可視的なものとして存在していた。時計との類比は正しかったが、現実はフィクションでは捉えきれない。なぜなら、ヴォルテールのお気には召さないだろうが、進化の時計は時計職人を必要としないからである。

チャールズ・ダーウィンが遺伝の法則について何も知らず、『飼育栽培下における動植物の変異』(一八六八)という著書のなかで、ひとつの細胞にはひとつの胚があるという汎生説《パンゲネシス》〔獲得形質の遺伝を説明しようとした仮説〕を唱えて珍しく誤りを犯したことを考えると、やはり科学的証明の持つ説明力に感嘆する。

グレゴール・メンデル(一八二二～一八八四)は同時期に自分の僧院の庭園でエンドウマメを異種交配して遺伝の基本法則を発見したが、学会からは注目されず、ずっとあとになってからしか知られなかった。一九〇〇年代に、〈生殖細胞〉(*germen*)が〈体部〉(*soma*)の細胞から分離されていて獲得形質の遺伝を妨げることを証明したのは、生物学者アウグスト・ヴァイスマン〔一八三四～一九一四〕である。進化論の父ダーウィンは染色体の存在も知らなかった。染色体が遺伝において果たす役割は、一九一〇年にアメリカの遺伝学者トマス・モーガン〔一八六六～一九四五〕が酢に漬かったハエの遺伝子の突然変異を発見して証明される。かくして二十世紀半ばから今日にかけての科学的進歩を背景として、たとえば現在広く警察の捜査に用いられるDNA関連の新たな与件を組み込むためには、ダーウィン的説明を現代化しなくてはならず、そこからネオ・ダーウィニズムや総合的進化論と呼ばれるものが生まれることになった。

ダーウィン以降、進化論の生物学者は二つの敵対する陣営に分かれた。実験室で実験をする人たちは、遺伝子の変異つまり偶然によってすべてを説明しようとした。それに対して現場で観察する人たちは、個体群における自然選択つまり必然性によってすべてを説明しようとした。エルンスト・マイア[24]のようなおおらかな精神を持った専門家のおかげで、敵対者たちは合意に至った。つまり彼らは、遺伝子と環境が密接不可分であり、近接(直接)原因は最終(進化)原因と対立しないこと、選択の単位は個体だけでなく個体群でもあり、それが個体群の遺伝作用を生み出したことなどを理解したのである。それでもやはり、ダーウィンが自分の観察、書簡のやり取り、考察から導き出した仮説の多くが、現代科学によって確証されたことに変わりはない。たとえば進化論に反対する伝統的論拠は、〔進化論においては、分類上の〕ひとつの門から他の門への移行の古生物学的証明が脆弱であるということだ。これが個別創造説の証拠であるように思われるということである。ところが、ダーウィンはオーストラリア滞在中、原始的哺乳類カモノハシが爬虫類や鳥類と共通の形質を持っていることに気がついた。この「生きた化石」は鴨と同じ毛と嘴を持ち、卵を生んで子どもに哺乳する。『種の起源』が出版されてから二年後、〈始祖鳥〉が発見された。歯と羽毛を持ち、長いあいだ爬虫類と鳥類とのあいだのミッシング・リンクと見なされていた恐竜である。

ダーウィンは、ラマルクを模倣したのではないかと非難されたとき(とくに自分の精神的父でもあるライエルから)不機嫌になったが、これはよく理解できる。ラマルクはあらゆる生物変移説の信奉者と同じように、動物の環境への適応とある動物から他の動物への進化の可能性を説いていたが、彼の説明水準は彼の盗作者と言われた人〔ダーウィン〕の説明水準よりもずっと劣っていた。この二人の理論はまた、一見自然選択よりも重要ではないように見えるがおそらくもっと決定的なある一点で異なっていた。それは進化のメカニズムではなく進化の目的という点である。ラマルクにとって、進化は神の意志による合目的性を有していたが、ダーウィンは、適応は限定的なものであるとして、現象全体に与えられた一般的方向性を認めなかった。虫、昆虫、軟体動物、魚、爬虫類、鳥、哺乳類といった順に、動物は地質年代が進むにつれて明らかに複雑化していく。それはすでにキュヴィエが証明したことでもある。ダーウィンがそれを、生い茂る生命の木、あらゆる方向に生える茂みやサンゴ礁のようなものと見なし、その複雑性を序列化しないように気をつけたのに対して、特殊創造説に立ち続けたラマルクはそれを、アリストテレスが考えたように、人間に至って完成する生物の段梯子のようなものと見なしていた。しかしラマルクも、『動物哲学』〔日本語訳は小泉丹訳、岩波文庫〕の刊行後、一連の動物をより間近に見ることによって、自然のなかには完全化に向かう恒常的傾向は存在しないことを理解した。生物のなかには寄生虫のように単純化に向かう——したがって進化の流れに逆行する——ものも存在するからである。

ラマルクの理論は、彼の本のタイトルにある哲学という語が示唆するように思弁的なもので、全体像と単純化したメカニズムを適宜結びつけたものであるが、一方「ダーウィンは進化という主題を厳密に科学的方法で扱った最初の著作家であった」[25]。ダーウィンにとって、人間と猿は類縁関係にあって、より正確に言うと人間は霊長類つまり猿であるのだが、ラマルクにとっては、人間は猿の末裔なのである。

ラマルクが死んだのはキュヴィエが死ぬほんの三年前なのだが、彼の残したものは無視されることになった。というのは、キュヴィエの方が四半世紀のあいだ説得性があると思われたからである。デカルトとキュヴィエの祖国は〈先進国〉のなかで唯一ダーウィンを拒否した国であった。そしてこの国はラマルク理論を受け入れるのに他の工業諸国よりも三倍の時間がかかった。ラマルク理論の無視はダーウイン理論を理解する障害となり、それゆえダーウイン理論を受け入れるのが七十五年遅れたのである。

誰が進化を発見したのか？

この法則［…］は〈現在説明不可能なすべての事実〉を説明するだけでなく、そうした事実の存在を必然的なものにする。

アルフレッド・ウォレス
『自然史雑誌・年鑑（*Annals and Magazine of Natural History*）』一八五五年

エルンスト・マイア（一九〇四〜二〇〇五）は総合的進化論の始祖の一人であり、ダーウィニズムに遺伝学を組み入れて現状に合うものにした。そのマイアが「誰が進化を発見したか？」という問いに次のように答えている。「進化論を勝利させたのがダーウィンであったとしても、ダーウィンは進化論の始祖ではなかった」[26]。というのは、ダーウィンが進化論を着想したのではなく、われわれがすでに見たように、当時進化論はすでに流布していたからである。ダーウィンは進化の機能様式を発見しただけのことである。進化のメカニズムをはじめて明解に説明したのもダーウィンではなく、当時三十五歳で超優秀であったアルフレッド・ウォレス（一八二三〜一九一三）である。

ウォレスは百冊にのぼる著書と論文（そのうち二百本ほどは著名な雑誌『ネイチャー（*Nature*）』に発表された！）の著者であるが、ダーウィンに「変種がもとの型から限りなく遠ざかる傾向について」と題された科学的報告〔一八五二年執筆〕を送らなかったら忘れられていた人物だろう。ウォレスはこの報告のなかで、一つの種の諸個体の可変性を明らかにして、彼が自然界の一般原理と名付けたものを叙述していたが、これはまさにダーウィンが自然選択と呼んだものだった。

幾人もが同時に着想したために、誰が発見者なのかよくわからない多くの発見がなされるなか、かつて天地創造と呼ばれ、今日生物多様性と呼ばれるものの自然的説明が、思想史上の同じ時期に二つの頭脳のなかで出現した。しかしこの二人のイギリス人は対極的な生活境遇に置かれていた。思想は果物のように熟していく。そして二人のいずれの側でも、長い妊娠期間を経て出産が必然的に起きる。しかしこの二人の同時出現はおどろくべき符合であった。というのは、われわれが見てきたように、進化論は単一の思想から生まれたのではなく、いくつかの思想が合体して緊密に組み合わさってひとつの説明システムとして形成されたものだからである。

ダーウィンは、ウォレスの論文を読んで驚愕した。というのは、ダーウィンはミステリーのミステリーを説明するための、二十年間あたためてきた自分の大理論が発案資格を失うのではないかと感じたからである。ダーウィンは先輩のライエルに助言を求めるが、ライエルはすでにダーウィンに急ぐように促していた。ライエルはウォレスが先んじようとしていることを知っていたからである。ダーウィンはライエルに耳を傾けなかったことを悔やむ。「私が先を越されるというあなたの予言が現実のものとなりました［…］。これほど鮮烈な一致は見たことがありません。［…］私が一八四二年に書いた草稿をウォレスが読んでいたとしても、彼は〔進化の理論について〕これ以上すばらしい要約はできなかったでしょう。［…］私の独創のすべてはどんなレベルでも追い越されてしまうでしょう［…］。私はラフスケッチを公表しようという気はまったくなかったのですが、ウォレスが彼の理論の概要を送ってきた今、ましてやそれを本気で公表することなどできるでしょうか？　私がけちくさいやり方で行動したと、彼や他の人に思わせるくらいなら、私は自分のすべての本を焼き捨てたいくらいです」。ダーウィンの同僚や友人たち——地質学者チャールズ・ライエルや植物学者ジョン・フッカーなど——は、ダーウィンの窮地を救おうと、ウォレスのこの科学報告と、同じ主題を扱ったダーウィンの二つのテクストを結びつけて、ダーウィンの先取権を認めさせようと画策する。ロンドン・リンネ学会（動物部門）の『会報』が、一八五八年九月、ダーウィンが十四年前に書いた原稿の抜粋、ならびにダーウィンがエイサ・グレイに送った手紙のなかの彼の理論の要約を掲載する。この三つの報告は、ひとつの同じリードを冠されて掲載されるが、最も堂々たるウォレスの論文は最後尾に置かれる……ダーウィンはフッカーに謝辞を述べる。「私はほとんど諦めていました。私はウォレスに手紙を書きかけていたのですが、そのなかで先取権を彼に譲ると記していたのです。ライエルとあなたが私に示してくれた特別の善意がなければ、私はその考えを変えていなかったことでしょう」。つまりダーウィンはかつて構想されたことがない壮大な理論についての発案資格を失うところだったのだ。もちろん彼の理論に当時の人々が同意していたわけではない。ダブリンのある教授はダーウィンのラフスケッチに納得しておらず、「そこに書かれているすべての新しいことは間違っているし、すべての本当のことはすでに知られていたことである」と断定している。学会の会長は一八五八年度の報告を次のような意図せざるユーモアで締め括っている。「今年は［…］、科学の土台をすべて塗り替えるような驚くべき発見のひとつが現れたかと思われたが、実際にはそうではなかった」[27]。

ウォレスはダーウィンとやりとりしていて考えを交換していたわけだから、ダーウィンの先取権には問題があるのだが、彼はこの先取権を上品かつ寛大に受け入れた。私心のないこの人物はそれを決して不満に思わず、母親に次のように書き送ってもいる。「私はダーウィン氏に現在彼が取り組んでいる大著作の主題を扱った論文を送りました。ダーウィン氏がそれをフッカー博士とチャールズ・ライエル卿に見せたところ、二人はそれを大変気に入ってリンネ学会に紹介してくれました。ですので、国に戻ったら、この二人の著名な人たちの友情と支援をあてにすることができると思っています」。ここには、この私心のない天才的自然史家の謙虚な反応を読み取ることができる。彼は栄光から遠ざけられたにもかかわらず無邪気に喜んでいるのである。ここにはまた、ウォレスの家柄と社会階級の上位に位置する大ブルジョアの家柄〔ダーウィン〕との違いが現れてもいる。のちに『種の起源』を読んだときも、ウォレスはこれを喜んで祝福し、共通の友人ベイツに次のように書き送っている。「世界にこの理論を与える仕事が私に負わされなかったことを私は喜んでいます。ダーウィン氏は新しい科学と新しい哲学を創造したのです。人間の知識の新たな分野が、たった一人の人間の作業や研究によって達成されたこのような事例が、かつてあったとは私には思われません。これまで分散していた膨大な事実を一つのシステムにまとめあげ、かくも偉大で斬新かつシンプルな哲学を確立した例はかつてなかったでしょう」。当時、ウォレスとは逆に、ダーウィンに盗作されたと文句を言う著者もおり、ダーウィンは当惑して、その著作を読んでいなかったことを謝ったりもしている。

ウォレスはダーウィンと同様に傑出した旅行家・自然史家であったが、生物学においては劣等生であった。というのは、彼が勉強したのは法学だけだったからである。この二人がともに独学者であったことはおそらく偶然ではない。なぜなら、自然界で観察される生物についての膨大な事実を解釈するには、広大な科学的教養を有しているだけでは不十分だからである。これまで理解不可能であったすべての事柄を説明することができるかくも革新的な理論を着想するには、アカデミズムに囚われない斬新な精神が必要とされる。これは科学哲学者トマス・クーン（一九二二～一九九六）が『科学革命の構造』のなかで主張した逆説的テーゼである。[28]

ダーウィンは当時の多くの科学者と同様に金利生活者であった――なぜなら研究に報酬が与えられる時代ではなかったから――が、ウォレスは博物館や金持ちのコレクターのために昆虫や鳥を収集して生活費を稼がねばならなかった。貧しい自営者であったウォレスは一生お金に苦労したが、ダーウィンは適当に投資をして自分の財産や妻の財産を増やすことができた。一八八一年、ウォレスはダーウィンの口ききで年額二百ポンドの年金を得ることができるようになる。

ウォレスは、金持ちで「進化論の発明者」として有名になったダーウィン――しかも彼らの共有する大理論を世間に受け入れさせることができるであろうダーウィン――を尊敬していたが、他方、科学的次元でも社会的次元でも反順応主義者であった。ウォレスはどんな問題にも臆することはなく、自分の知名度を使って対処しようとした。それに対してダーウィンは、ウォレスとは逆に、いっさいの争いを回避しようとした。ウォレスは太陽系の別の惑星が居住可能かどうかをはじめて科学的に研究した人物でもある。彼は生物地理学の創始者とも見なされている。生物の分布に関する彼の二冊の著書は、八十年間古典として読まれ続け、マレーシアにおいて二つの動物相が分かれる自然境界線には今も彼の名前がついている（ウォレス線）。ウォレスはまた、鳥が食べられないチョウは警告を発するために、つまり身を守るために強烈な色彩を有しているという予言をして、いわゆる警告色の生物学的意味を最初に理解した。ダーウィンは最初これを擬人的考えにすぎるとして信じなかったが、のちにウォレスの説明に同意した。カムフラージュとは逆のこうした擬態は、色鮮やかな獲物を捕食動物に提示するとその捕食動物は一度試したあと二度と食べようとしないという実験によって確証された。同様に、雀蜂の黄色と黒の縞模様は捕食動物に刺される危険を知らせるものである。したがって獲物も捕食動物もこの信号の恩恵を受けているということである。昆虫自身はもちろんこれを意識しているわけではないが、その色彩は時とともに鮮やかになっていく。これは言い換えるなら、自然選択によって変化し、この信号の改良が維持され数千世代を経て模様が完成するということである。こうした色彩による驚くべき撃退動機を有していない蜂は原始的な模様のままにとどまっているのである。

ウォレスはまた、諸大陸の植民地化から生じる氷化や島嶼化の歴史の重要性を最初に把握した人物である。彼は保存生物学のパイオニアであり、セントヘレナ島への山羊の導入によって島が砂漠化するといったような、種の侵略的作用を告発した。また、熱帯地方での人間による森林伐採によって土壌が再生できなくなる危険に警告を鳴らした。彼は世間の顰蹙を買うことを恐れず、天然痘予防ワクチンに公然と反対した。この病気は衛生管理によって消滅すると考えたからである。これはフランスでは、数年前になってやっと受け入れられた考えである。

ダーウィンが開明的で穏健なブルジョワであったのに対し、ウォレスはロバート・オーウェン〔一七七一～一八五八、イギリスの実業家・社会改革家〕やトマス・ペイン〔一七三七～一八〇九、イギリス出身のアメリカの社会革命家〕の弟子筋にあたるラディカルな社会主義者であった。彼は反軍主義者で、女性の選挙権を求めるフェミニストであり、アイルランドの独立と遺産相続の廃止を説いていた。ウォレスは『マレー諸島――オランウータンと極楽鳥の土地』(一八六九)〔新妻昭夫訳、ちくま学芸文庫〕のなかで次のように書いている。「自然科学とその実践的適用におけるわれわれの驚異的な進歩に比べて、統治や裁判あるいは国民教育などのシステム、われわれの社会的・道徳的組織は未開状態にとどまっている」。また『人間の選択』[29](一八九〇)という論説のなかでこう言明している。「富の追求競争で成功した者が最良最大の知性の持ち主であるわけではまったくない」。したがってウォレスはダーウィンと同様に、ほとんどの現代人が自然選択の論理的帰結と見なしている最も能力のある者が社会的に選択されるという原理を承認していなかった。この点についてはあとで改めて言及する。

この二人の天才的発見家の比較はこれにとどまらない。彼らの知的道程に目を向けるともっと実り豊かなものになる。ダーウィンは種をつくりだした神の摂理に身を委ねながら〈ビーグル号〉に乗り込んだのだが、ウォレスはラマルクやダーウィンの祖父が主張した種の変化を信じながら自然史家としての活動を開始した。ダーウィンはメカニズムは現場で見つけなくてはならないことに気がついた一方で、マラリアに罹患したとき、マルサスを読んで進化の原動力は自然選択であることを着想した。「その頃私は、マルク諸島のテルナテ島〔インドネシア〕というところで、断続的に襲ってくる高熱に苦しめられていた。ある日、発作が起き四十度ほどの高熱で毛布にくるまって寝ていたとき、種の変化の問題がまたもや私の心に入り込んできて、マルサスが『人口論』で述べた「ポジティヴ・コントロール〔積極的抑制〕」という考えが思い浮かんだ。『人口論』は私が数年前に読んで深い感銘を受けた著作である」。

ダーウィンもウォレス同様、生存闘争の役割と環境への適応における小さな変化を重視していた。ダーウィンにとって、家畜動物はこうした自然的変化が増幅して、ひとつの種から別の種への移行が自然的に起きる証拠であったが、ウォレスにとっては、人工的選択は自由に生きることができない存在をもたらすものであった。そうした存在の形質は不安定であり、ウォレスにとってそれは類比的事例ではなく反証的事例であった。要するに、家畜化という現象を異なった視点から捉える対照的な見方がここに示されているのである。

もっとやっかいな分岐は、ウォレスが催眠状態（あるいは動物磁気説）に深い関心を持っていたことである。ウォレスは当時まだ公然たる科学的問題であった交霊術の信奉者であった。ダーウィンが娘の死で信仰を失ったのに対し、ウォレスは兄弟の死に超自然的なものを感じた。ウォレスは死んだ兄弟と話をしたと言明し、これは同僚の信用を失わせ、なかには政府から学者に与えられるささやかな年金を彼に与えることに反対する者もいた。ダーウィンはウォレスに年金を与えさせることに苦労した。ダーウィンは理性への裏切りと見なされるものを認めることはできなかったが寛容でもあったからだ。しかし彼らは、もっと重要だと思われることについてしだいに意見が分かれていった。すなわち進化の目的あるいは「目的論」という問題である。その後百五十年にわたって激しい論争が行なわれるこの問題は次のように要約することができるだろう。進化は決まった方向性、信仰者ラマルクが主張するように人間の究極目標を有しているのか、あるいは不可知論者ダーウィンが考えたように、人間は種の進化の偶然的結果にすぎないのだから進化に方向性はないのか、という問題である。

われわれ人間種の出現という現象が自然選択によってしか説明できないとしたら、ウォレス（そして今日においては〈インテリジェント・デザイン〉[30]あるいはボグダノフ兄弟[31]にとって、人間の知的・道徳的能力の増大は質的な飛躍をなすものである。したがって人間は種の進化の目的であって、神による創造の頂点であり、人間の現前自体が上位の実体の存在を証明しているということになる。しかしダーウィンからすると、この論理は循環論法で視野が狭い。というのは、この論理は超自然的な外的原因に帰着するからである。ダーウィンによれば、一神教を打ち立て人間の創造と生物の世界の創造とを根元的に区別する聖書的な天地創造説とは反対に、人間を含む種のあいだに本性の相違はなく、あるのはただ進化の程度の違いだけである。「生来的に進歩に向かう傾向はまったく存在しない」とダーウィンは結論している。超越的なものに訴えることを科学的厳密さによって回避しようとするダーウィンのような唯物論者にとって、われわれの認識能力、言葉、高度な感情といったものは、社会的脊椎動物とくに霊長類における自然選択の最終的結果なのである。進化に目的はないという先進的証拠は、たとえば無脊椎動物の大きな群のなかで、蜜蜂、白蟻、蟻といった社会性昆虫もまた、脊椎動物とはまったく異なった仕方できわめて複雑な社会を形成するに至っているということである。優れた能力はいくつかの動物群のなかで同時的に出現したという論拠は、科学の進歩によって強化された。たとえば小さな蜜蜂は、獲物がどこにあるかを教えるためにダンスを通じた抽象的言語を使うし、蛸のような単純な軟体動物も、哺乳類と同じくらい知的であることが最近知られている。

しかしながら、ダーウィンの弟子たちにはお気に召さないかもしれないが、生物の世界についての多くの問いに応答する彼の理論も、人間の脳の成長がなぜこんなにも早かったのか（数十万年で二倍になった）、人間種はなぜ動物界のなかでかくも独自性を有しているのかということを説明できないように思われる。これが進化論者と（神による）創造論者との衝突の要諦である。先史学や動物行動学の当時の知識ではこれを解くことができなかった。われわれは本書の最後の部分で、人間的例外というダーウィンとウォレスを対立させたこの最終的問題に対して、〈機械仕掛けの神《デウス・エクス・マキナ》〉に訴えることなく、動物行動学の進歩を活用しながら答えることにする。

一八六九年、つまり『種の起源』の刊行から十年後、そしてもうひとつの主要著作『人間の由来』の刊行の三年前、ウォレスがわれわれ人間種の出現についての彼の考えを刊行しようと決めたとき、進化の共同発見者の確信が完全に分岐していることが明らかになる。彼らは自然選択を発見した時期のように物質的生活においてではなく、哲学的に対極的立場になるのである。〈ビーグル号〉で出発したときにはウィリアム・ペイリーの神の創造という自然神学を信じ、「その論証の完全無欠性に魅了され納得していた」ダーウィンは、その後人間を創造したのは自然選択であることを確信した唯物論者になった。それに対してウォレスは、自然選択は動物にしか適用することができないと考えるようになっていた。ダーウィンは、彼の共同発見者が唯心論者であるばかりか交霊術を信じていると公言したことを評価せず、かつての二人の共通の確信がウォレスの軽信によって裏切られたと感じて、彼にいつもの調子と違った苛立ちを表わす手紙を書き送る。「あなたがあなたの子どもであり私の子どもでもある子どもを抹殺しないことを望みます」。ダーウィンはウォレスの論文を受け取って読み、欄外に「そうじゃない！」と書き込む。しかしながら一八七〇年、ダーウィンはウォレスへの手紙のなかで次のように結論している。「われわれはお互いに、ある意味でライバルであったが、いささかも嫉妬心を持ったことはありませんでした」。〈終わりよければすべてよし〉ということか。

しかしながら、この美談には道徳的に疑わしいところがある。事実の解釈が逆転しているとも言える。なぜなら年上のダーウィンが、私心がなく無垢で世間知らずの貧しい若いライバルを遠ざけるために自分の人間関係を利用したとも考えられるからである。ロバート・ライト〔一九五七年生、アメリカの科学ジャーナリスト〕は、ダーウィンをマキャベリストできわめてヴィクトリア朝的な人物として描いている(32)。つまりダーウィンは親友のライエルやフッカーを巧妙に操って、進化の理論を自分よりも早く、より良く要約した競争相手から先取権を奪取するために画策したというのである。ダーウィンを救ったこの二人の友人（ライエルとフッカー）の肖像画が、ジョサイア・ウェッジウッド二世（チャールズ・ダーウィンを〈ビーグル号〉に乗せるようにダーウィンの父を説得したおじ、オンクルジョー）の肖像画とともに、ダーウィンの終の住処となったダウンハウスと呼ばれる館の仕事部屋に飾られている。おそらくひとりの人間が構想した最大の理論への先取権をダーウィンが失いかけたのを救ってくれたからだけでなく、ダーウィンは彼らを深く愛してもいたのだろう。しかし、もしウォレスが自分の原稿をダーウィン以外の科学者に送り、その人物がウォレスの原稿を出版させていたら、ダーウィンは永遠の二番手としてしか知られておらず、ダーウィニズムという言葉ではなく、ウォレシズムという言葉が流布していただろう。しかし事実は真逆で、寛大なるウォレスがダーウィニズムという言葉をつくり、おまけにこの勝利したライバルを称揚するために自分の著作のうちのひとつに『ダーウィニズム』というタイトルをつけもしたのである。

第二章　社会ダーウィニズム

ダーウィニズムという言葉は、イギリス、ドイツ、ロシア、フランスにおいて、異なったことを意味している。

エルンスト・マイア

『ダーウィンと近代進化思想（*Darwin et la pensée moderne de l'évolution*）』一九九一年

北アメリカの資本主義

社会ダーウィニズムは次のように定義することができる。大量殺人を人間の進歩の原因と見なす学説。

ヤコフ・ノヴィコフ

『社会ダーウィニズム批判（*La Critique du darwinisme social*）』一九一〇年

ダーウィンはその思慮深い性格から『種の起源』の執筆を可能なかぎり引き延ばしたように思われる。そしてぎりぎりになるまで刊行しなかった。そこでは表向きは動物と植物しか扱われていないが、読者は彼の革命的テーゼが、宗教や世俗道徳といった人間の営みに対する既成概念を破壊する内容を包含していることを理解した。当時の多くの読者や科学者は、われわれ人間を度外視したこの不完全な記述を前にして、その慎重な証明が彼らの神への信仰に配慮していることを評価して、これを承認した。また多くの人はそこに、彼らの人種差別、植民地主義、資本主義への確信の是認を見て取った(時代はそうした思想が支配的であったヴィクトリア朝である)。やがて社会ダーウィニズムと呼ばれることになるものはこのテーゼであり、自然法則をそのまま社会法則に延長したもので、したがって資本主義を是認するものである。英語、フランス語、ドイツ語などで、著作家たちは進化の歴史をわれわれ人間に適用した第二巻を書いて、ダーウィンの大きな空隙を埋めようとする。他方、ダーウィンは、十二年かけて『人間の由来』を書いて公表することになる。つまりダーウィンは、自分が目撃した自分のメッセージの解釈の偏りを正そうとしたのである。誰もが自然選択が人間にもたらす結果を自分流に想像したということだ。

アメリカでは、ダーウィンの思想を通俗化して普及させたハーバート・スペンサーの方がダーウィンよりも有名だった。スペンサーは競争原理と自然選択をすぐに企業の世界に移植した(33)。「社会主義者の教義は心理学的観点から見ると馬鹿げていて、生物学的観点から見ると有害である」と、この技師・哲学者は考えていた。スペンサーの本は一八六〇年から七〇年にかけて三十五万冊売れた。スペンサーによると、人間は生まれつき不平等であり、社会経済の原動力は二百年前にトマス・ホッブズが『リヴァイアサン』のなかで主張したように強者の法則である。百科事典的な教養を有していたこのイギリスの技師は適者生存という表現を打ち出し成功を博したが、とくに進化という言葉も使った。これはダーウィンが初期に使っていた変異を伴った系譜という言葉を置き換えるためにライエルから借用したものである。このダーウィン思想の通俗的普及者にとって、最も有能な者が企業のトップになり、最も無能な者が最下層になる。したがって貧者を助けることは自然に逆らうことであり馬鹿げているということになる。慈悲深いマルサス牧師の助言にしたがって、のんき者や貧乏人が子孫をつくるのを妨げる方が、人類は幸せになるだろうということである。国家はアダム・スミス流の自由主義的伝統に則って、社会的・経済的問題にできるかぎり不介入を貫かねばならない。これと同じことをロナルド・レーガンやマーガレット・サッチャーが繰り返し言明してから、それほどの月日がたっていない。彼らは自由競争と労働の自由の旗を振りかざしてこれを猛然と繰り返した。要するに、スペンサーによると、ダーウィンは経済的自由主義の勝利に科学的根拠を与えたということになるのだ！

生物学を装ったこの社会主義的観点の転覆は、もちろんロックフェラーやカーネギーなど当時のアメリカの大資本家の熱狂的支持を得た。彼らは被告の席から告発者の席に場所替えしたのである。彼らはスペンサーをアメリカに招いて講演させ、一八八二年ニューヨークで成功を収めた。この社会的選択論の使徒は道徳と自然を資本家の側に引き寄せた。なんのことはない、大実業家たちは最も能力がある者と折り紙をつけられて喜んだだけのことである。しかしながら、こうした生物学的説明を持ち出した世界ヴィジョンはそんなに昔のことではなく、現在でも乗り越えられていない。というのは、それは今日でも、たとえばアラン・マンク流の経済主体論の背景をなしているからである。アラン・マンク〔一九四九年生、フランスの実業家〕は左右両権力の経済顧問であるが、テレビで資本主義は自然現象であると言明した。社会ダーウィニズム出自のこの資本主義は、この時代から北アメリカで息づいてきたが、本来のダーウィニズムの方は大学のなかに避難し、アメリカの人口の半分に浸透した福音派清教徒の文化が復活した。この世界征服のヴィジョンはアメリカの大統領選挙の背後で生き続けていて、一九九六年、共和党のパット・ブキャナン〔一九三八年生。一九九二年、一九九六年の共和党大統領候補〕は次のように叫んだ。「あなた方はおそらくわれわれは猿の子孫だと考えているが、私はわれわれは神の創造物だと考えている」。また二〇一二年、モルモン教徒のミット・ロムニー〔一九四七年生、二〇一二年の共和党大統領候補〕は、福音主義と自由主義を結びつけている。スペンサーの時代、スタンダード・オイル社の創業者で世界一の金持ちであったジョン・D・ロックフェラーは、社会ダーウィニズムと神による世界創造説を和合させて次のように書いている。「(小企業の排除による)大企業の拡大は非難されるべきものではない。それは自然と神の法則を反映しているだけのことである」[34]。閉鎖されかけたゼネラルモーターズの工場では、労働者たちが作業服の背中に「強い者だけが生き残る」[35]というスローガンを刷り込んでいた。

スペンサーは進化についての説明を初めて公表したとき、生物学についての知識はほとんどなかった。彼の頭のなかでは進化論はなによりも形而上学的理論であった。彼はダーウィニズムの先駆者ではなく、終生ラマルク主義者であった。彼は誤解によってダーウィンに多大な迷惑をかけ、ダーウィンはスペンサーによる思想の歪曲を著作のなかで断罪している。この歪曲された思想は一八七九年ドイツ自然史学会で社会ダーウィニズムと侮蔑的な名称を与えられ、アナキズム理論家エミール・ゴーティエが一八八〇年にこの名称を使った一連の講演を行なって普及することになった。実際、ダーウィンは、自分と妻の資産で裕福であったが、粗暴な資本主義とは対極的な生き方をしており、マルサス牧師のきわめてヴィクトリア朝体制的な考えには追随していなかった。マルサスは社会競争の思想に則って、貧窮者が増えることを回避するために貧窮者を援助してはならない、と結論していた。一方、ダーウィンのいた小教区の記録によると、この無信仰学者が慈善行為に積極的に参加していたことが知られている。神の創造を無効化した人物について教区牧師がどう語っているか引用しておこう。「私はヨーロッパで最良の自然史学者のひとりと親しい関係にあることをうれしく思います。彼は精確このうえない観察者で、自分が綿密に考察した事実以外は何ひとつ公表しません。彼は道徳的にも完全に近い人間で、厳密な真理のために細心綿密な注意を払い、私が知っている誰よりも優れた人物です。もしもある朝、彼が自分の理論と明らかに矛盾する事実に遭遇したら、彼は必ずやその日のうちにそれを公表することでしょう。私は彼が書いたもののなかに宗教を攻撃した言葉は一言一句見たことはありません。彼は自分の自然史家としての道をまっすぐに歩んでいるのであり、モーセのことはモーセに任せているのです(36)」。

ダーウィンは当時の自由主義的伝統（現在の自由主義とは真反対）の家庭の出身なので、父親や二人の祖父と同じように奴隷制の廃止に賛同していた。祖父のひとりは鎖に繋がれた黒人を描いた大型メダルをつくり、そこに次のような言葉を刻んでいた。「私は人間であり同胞ではないのでしょうか？(37)」。したがってダーウィンが次のように書いているのは意外でもなんでもない。「神よ、奴隷制が早くなることを見たいものです！」。あるいはこうも書いている。「八月十九日、われわれはブラジルの土地をついに離れます。この奴隷の国をもう見なくてもいいことを神に感謝します」。ダーウィンは議論嫌いであったが、『種の起源』のなかで、生存闘争は強者の法則であるだけでなく、もっとはるかに微妙なものである、と述べている。とくにあとで刊行された『人間の由来』のなかでは、スペンサーや彼の追随者の言うことと真逆の理論を主張していた。すなわち、自然選択は二千年前からわれわれの社会の原動力であったわけではなく、文化が自然選択の代わりに登場したのである、と。ダーウィンにとって文明は弱いものや取るに足らないようなものを保護するものであって、動物性や野蛮性から区別されるべきものである。生物界の頂点たる人間共同体においては、エゴイズムや万人の万人に対する闘いではなく、利他行動、憐憫、道徳感情といったものが存在する。スペンサーにとって自然選択は文明を選択するが、ダーウィンにとって文明はそのあと自然選択に対立するものになる。これはパトリック・トールが「進化の可逆作用[38]」と命名したものである。

ダーウィンは『人間の由来』の第二十一章で、珍しく社会的な態度を明確にして、次のように結論している。「生存闘争がいかに重要であったとしても、また重要であり続けているとしても、人間性の最も高度な部分に関しては、他のもっと重要な影響が介入する。道徳的資質は、自然選択よりも習慣、推理能力、教育、宗教などの直接的あるいは間接的な作用のおかげで、はるかに進歩する。社会的本能はたしかに自然選択というファクターに帰することができるとしても、この作用が道徳感覚の基盤をつくったのである」。ところが今日、ダーウィンに対する辛辣な批判が行なわれていて、それはとくに生命科学史家のアンドレ・ピショの著作に顕著に見られる。[39] 先の引用はよく知られていて、おそらくダーウィンの書いたもののなかで最も明快なものであるが——というのは、これは社会ダーウィニズムとダーウィニズムをはっきり識別させるものだから——、ピショの著作ではこれが省かれている。[40] このことは、われわれは現在ダーウィンに関して大量の情報を持っているにもかかわらず、ダーウィン戦争と呼ばれるものが続行していて、批判者は宗教原理主義者にかぎらないということを示している。

しかしながらダーウィンは、このヒューマンな結論以前に同じ著書のなかで次のように書いている。(41)「したがって自然な均衡のなかで人間が増える割合を減らすためにいかなる手段も使ってはならない。この増加が多くの苦悩をもたらすにしても、である。あらゆる法則とあらゆる習慣とのあいだで公然たる競争が起き、最も能力のある者が成功して最もたくさんの子どもを育てることを妨げるにちがいないからである」。ダーウィンはまた、一八四五年に刊行された『ビーグル号航海記』〔邦訳は荒俣宏訳、平凡社など多種〕のなかで次のように記している。「人間はつねに強者が弱者を殺す他の動物と同じような仕方で互いに対抗するように思われる」。こうした言葉は混乱を引き起こすが、われわれ人間における自然選択を最小化しようとする微妙な現実主義的立場として理解することができる。ただしダーウィンは、弱者、貧者、病者の保護は行き過ぎると人間の自己家畜化に至ると考えていたのである。

ダーウィンをヒトラーの先駆者に仕立て上げることはとんでもないことだと思われるし、社会ダーウィニズムの始祖と見なすことは不正確だし、またその代表者のひとりと見なすことも不正確だと思われるが、彼が今日優生学と呼ばれるものの憂慮すべき相貌を共有していることは認めなくてはならないだろう。もちろんそれは原理においてだけのことではある。なぜならダーウィンは、あとで言及する彼の従弟ゴルトンとはちがって、人工的選択という強制的な社会的手段を発動することには公然と反対を表明していたからである。

フランスにおける生物学的レイシズムの創設

ダーウィンの理論が豊穣なのは、とくにその人道主義的結論、道徳的結論においてである。

クレマンス・ロワイエ『種の起源あるいは生物における進歩の法則（*L'Origine des espèces ou des lois du progrès chez les êtres organisés*）』序文、一八六二年

ダーウィンが彼の主要著作のフランス語版を監修することができる科学者を探していたとき、クレマンス・ロワイエ（一八三〇～一九〇二）が翻訳を完成させた。したがって彼女が一八六二年、ダーウィニズムをはじめてフランスの公衆に知らしめた人物である。彼女は科学の講師として多くの本を読み、すべてを知っていると自負していた。クレマンスは強烈な個性を持った人物で（アンドレ・ピショによると半狂人）、書物による教養と自信はずば抜けていて、自分の便箋に「私は知識の権化である」と刻印していた。彼女はその常識はずれの立ち位置のために今日忘れられた存在であるが、彼女のテーゼを継承しナチスの理論家に影響を与えたヴァシエ・ド・ラプージュという著名な人種差別の理論家の登場のための地均しをした人物である。

「ダーウィンの種の起源に関する著作の翻訳を、いま私はフランスに提供する……」と、クレマンス・ロワイエはダーウィンの本の訳書のイントロダクションで書いている。この訳書は、自分の思想を表に出さないように原著者の前から姿を消すのではなく、脚注付きの五九ページにわたる辛辣な序文を

作成する。彼女はそこで自分の個人的考えを述べ、彼女がラマルクの弟子さらには自分の弟子と見なすダーウィンを批判している。なんと、彼女が序文を書いているこの本の著者〔ダーウィン〕の主要な手柄は、「私〔ロワイエ〕のテーゼに新たな証拠をもたらしてくれた」[42]ことにある、というのだ。クレマンスはまた、一八八一年に刊行された自分の著書『善と道徳法則——倫理と目的論（*Le bien et la loi morale: éthique et téléologie*）』のなかで、スペンサーのことを「イギリスにおける私のライバル」と呼んでいる。彼女は自分が翻訳し序文を書いた『種の起源』について次のように書いている。「著者独自の内容はいっさいなく、新たな理論というよりは、ラマルクの学説に対して事実と法則によってなされたあらゆる異論への濃密かつ執拗な反論である。〔…〕この本に込められている資料と論証は傑出し十全たるものであるが、残念なことに一種の難解さゆえにこれらの反論は注意を引かないのである」[43]。彼女の翻訳はやっつけ仕事であり、著者〔ダーウィン〕の考えや言葉を自分の考えや言葉に置き換えたりしており、ダーウィンは仰天した。また、彼女は英語の *selection* を sélection ではなく élection と訳しており、したがって「自然選択」は **sélection naturelle** ではなく **élection naturelle** となり、原著にはない「意志による選択」（チョイス）というニュアンスを導入したりもしている。この点について彼女は、ダーウィンが自分のようにもっと大胆だったら、自分と同じようにこの概念を導入していただろうと述べている。すべての生物の進化は必然的に最終目的すなわち人間の進歩のためであると彼女は考えている。原著の副題『生存闘争のなかで有利な種族が保存されること』〔メインタイトルは『自然選択による種の起源について』〕を、彼女は『生物における進歩の法則』と訳していて、これは原著者の意図を超えたことを原著者に言わせようという彼女の意志を表わしている。この副題はまた、一八七三年にチャールズ・ダーウィンの同意を得て（得たとされる）刊行されたジャン＝ジャック・ムリネの訳書のなかで、「自然のなかにおける生存闘争」と訳されているが、クレマンス・ロワイエはこれを認めず、田舎言葉と揶揄している。(44)

優生学に魅入られ「王よりも王政主義者であった」(45) クレマンスは、フランスで最初の社会ダーウィニストであった。(46) 彼女が臆病だと見なしたダーウィンとは反対に、彼女は微妙な差異などにはこだわらず、『種の起源』の最初のフランス語版に長い序文を書いて、今日社会ダーウィニズムと呼ばれるものを臆面もなく表明した。当時のある批評家は次のように断じている。(47)「〔彼女は〕いささか問題のある序文をつけくわえ、そのなかでイギリスの科学的著作家の思想をはみだして、何のためらいもなく滔々と自分の学説を主張している。そしてそれは科学的というよりも一種の文学的な活力できわめて極端な結論に向かっていく」。彼女の立場は、侮蔑的に「資本主義」と同一視されていくスペンサーの経済自由主義的ヴィジョンよりもさらに根元的に極端であった。それは今日極右と呼ばれる生物学的レイシズムであった。たとえば次のような一節にそれは示されている。「私が話したいのは、わがキリスト教時代が社会的美徳として求めた無分別で危険な慈悲についてである。民主主義はそれを一種の同胞愛の強制に変えようとした。しかしその最も直接的な結果は、治療と称しながら人間社会の害毒を悪化させ増加させたことである。そのため、強い者が弱い者の、善人が悪人の、心身ともに優れた者が邪悪で虚弱な者の犠牲になることになった。弱者、劣等者、廃疾者、悪人など、要するに自然から疎んじられたあらゆる者を保護するという愚かな行ないの結果はどうなるだろうか？　彼らに取り付いている害悪が果てしなく永続化するということだ。害悪が減るのではなく増えるということとだ。悪が善を犠牲にしてますます栄えるということだ。〔…〕したがって人間のあらゆる方向への急速な進歩を促進するためには、これまで男性にしか求めなかったことを女性にも求めなくてはならない。つまり美と結びついた力、優しさと結びついた知性である〔…〕。自然選択の理論的与件は疑いもなく次のことを示している。すなわち上位の人種は継続的に生み出され、進歩の法則によって下位の人種を押し退けるのである。そして上位の人種と下位の人種は混じり合ったり一体化したりするのではない。混じり合ったら異種交配によって上位の人種は下位の人種に吸収され、種としての水準が低下してしまうからである。〔…〕少数派のインド－ゲルマン語族と多数派のモンゴルあるいはニグロで構成された国民における政治的・市民的平等を主張する前に、このことをよくよく頭にたたき込んでおかねばならない。人間は生まれつき不平等にできているのであり、これを出発点としなくてはならないのだ」。

この女性学者は生涯の終わりに忘却されることになるが、彼女はその原因は自分に狙いを定めた公認科学者たちの展開した男性優位主義の陰謀によるものだと訴えた。しかしこの犠牲者論には説得力がない。とはいえ彼女は、生物学的進化論とその人間への適応（今日社会的進化と名付けられているもの）とのあいだに密接な関係があること（これはダーウィンが危惧したことでもある）を見て取ったと言える。そしてこれは本書の中心的テーマでもある。ダーウィニズムのなかで彼女の関心を引いたのは科学的事実ではなく、進歩は自然に基づいているということである。それがイデオロギー的混乱の元にあると私には思われる。彼女はその極端な事例なのである。

クレマンス・ロワイエは「反動主義者かつ自由思想家、保守主義者かつアナキスト(48)」であったが、異形のフェミニストでもあった。なぜなら彼女は、女性は知的に男性に劣ると見なしながらも女性の解放を主張したからである。女性は遅れを挽回しなくてはならないというわけだ。彼女はまた「人権」を標榜する最初の男女混合のフリーメーソンのロッジ（支部）の創設者のひとりでもあった（一八九三年）。

クレマンス・ロワイエは一八六九年に刊行された主要著作（『人間と社会の起源』）のなかで自らの思想を詳細に述べているが、これはフランスやドイツで模倣者を生み出すことになった。そのなかで彼女は彼女の思想の当然の帰結として植民地主義の擁護をしている。植民地主義は「種の進歩と種の枝分かれの上位の部分の決定的勝利のために必要である」と言うのである。ダーウィンが二年後に『人間の由来』を刊行したとき、彼女は自分が知らなかったことを知ることになる。すなわち『種の起源』の著者が人間についての考えを表明しなかったのは、勇気の欠如でも洞察力の欠如でもなく、彼は自分が明らかにした生物の進化の法則から、このフランス版社会ダーウィニズムの創設者が理解したこととは真逆の結論を引き出していたということである。つまり、自然選択は原始社会において機能するが、文明はそこから分岐する。それは文明が弱者や病者を保護するからである、とダーウィンは考えていたということである。

ダーウィンはそれまで、進化のメカニズムの発見競争で先を越しつつも優雅に姿を消したウォレスと同じように状況に対応していたのだが、彼の考えの根底的な誤読に直面して、自制心から脱却して公的に自分の考えを宣明せざるを得なくなった。社会ダーウィニズムは、いまでは時代遅れになった（と思われる）ダーウィンのいくつかの文章を根拠にしていた。ダーウィンが『種の起源』という主著を刊行したあと、その続きを誰もが期待していたにもかかわらず長い沈黙を守ったことも、社会ダーウィニズムの登場に影響した。そしてこのダーウィン思想の歪曲は彼の思想よりも長生きすることになる。なぜならダーウィンが、生物的進化の人間にとっての結果を明らかにした本（『人間の由来』）は、『種の起源』よりもはるかに売れ行きが悪く、評判にもならなかったからである。

反権威主義者でフェミニストのクレマンス・ロワイエは、当時のある聖職者から「フランスの科学の汚濁[49]」と形容されたその過激性によって、現在では完全に忘れ去られている。それは思想の歴史という観点から見て残念なことである。なぜなら彼女は社会ダーウィニズムの一種の戯画であり、ダーウィンから公然とはみだした最初の人物だからである。「翻訳は裏切りなり（*Traduttore, traditore*）」というイタリアの警句がある。クレマンス・ロワイエという翻訳者は許容可能な誤りを超えて原著者を裏切った。原著者の意図を取り違え、原著者の思想と反対の場所にまでテクストを運んでいったのである。しかし彼女の辛辣な批判の砂利の波のなかにもいくらかの金塊があることをないがしろにしてはならない。その金塊とは、科学の専門化――それは科学者が社会の諸問題に対する判断から身を引くことを可能にする――に抗う彼女の告発（「科学の専門化はわれわれを破滅させる」）、あるいは人文科学を他の諸科学よりも上位に置くことの重要性（「人文科学は最重要の究極の環である」）である。

彼女は人類学会の最初の女性会員であったが、彼女の進化論の論文は丁重に批判された。「エラズマスの孫チャールズ・ダーウィン氏は彼女の弁護に立つことには気がすすまないであろう[50]」。「すべての窓ガラスを勇敢に破壊し、原著者に先だって胸をときめかせながら生物変移説のあらゆる帰結を引き出した[51]」序文によって、彼女はダーウィンの慎重な戦略とは逆の立場を果敢に選択した。ダーウィンは『種の起源』の記述において、自分の理論のなかの最も議論を呼びそうな側面を最小化するためにあらゆる手をつくした。そして議論を生物学のなかに隔離し、彼の進化論の科学的論証の分析を妨げるような、人間についての議論への横滑りを回避しようとした。

フランスが進化思想の受容において百年遅れた責任をクレマンス・ロワイエに帰すべきかどうかはわからないが、彼女の思想がラマルク理論と混同されたり、このダーウィニズムの扇動的女性大使のせいで、進化の究極目的についての混乱が起きたり、『種の起源』の作者に対してレイシズムという非難がなされたりするのは、わからなくもない。

イギリスの優生学

家畜動物の繁殖に携わった者なら誰でも、そのなかの虚弱な存在の保存が人間にとっていかに有害であるかを知っている。

チャールズ・ダーウィン

スペンサーはわれわれの社会において自然選択を放任することを推奨したが、それは適応力のある者が支配して子孫をつくり、適応力のない者が衰退することを可能にするということである。やはり『種の起源』に熱狂したフランシス・ゴルトン[52]（一八二二～一九一一）は逆に、自然選択は文明社会においてはいかなる役割も果たさず、病者や弱者は生命を維持し子孫をつくることもできると結論した。この才能豊かで風変わりなディレッタントは大旅行家であった。彼は寝袋と天気図の発明者である。この遺伝科学者は生物学に統計学を導入することによって近代遺伝学に深い影響を与えた。ゴルトンはダーウィンの本を読んで驚嘆し、迷信に対する科学の勝利を発動させようと考え、計画的な人為的選択を促進する優生学学会を設立する。その目的は身体的・精神的な衰退を回避して、人間を改良することであった。

ゴルトンは科学的ダーウィニズムとの結びつきを示すために、一九〇八年つまりチャールズ・ダーウィンの死後四半世紀たってから、チャールズ・ダーウィンの息子レナードに頼んで、この学会の初代会長になろうとした。このことは優生学とダーウィニズムが結びついていることを意味するのだろうか？　この時代の価値観に今日のわれわれの判断を重ねわ合せてはならない。優生学は必ずしも政治性が濃厚な理論ではない。それは今日、誤ってナチズムと結びつけて語られたりもするが、当時は社会的な――ときには社会主義的な――視点から構想されたものである。優生学は単に過去の忌まわしい出来事に関わるものではなく、たとえば出生前診断などをもたらした社会的保健衛生への不断の関心でもある。

はたしてダーウィンは優生学支持者だったのだろうか？[53]　まず第一に、彼は天才ではあったが、普通の人と同じように時代の子でもあったことをよく認識しなくてはならない。たとえば次のような発言は彼のいつもの寛容さや奥深い見方と対照的なものである。「多くの未開人が称賛する醜悪な装飾や耐え難い音楽から判断して、彼らの美的能力は、たとえば鳥などの動物における美的能力よりも劣った発達段階にある」。彼はまた、素朴な愛国主義者として、次のように書いている。「イギリス人が植民地化開拓者として他のヨーロッパ諸国民よりも優れていること、イギリス出自のカナダ人とフランス出自のカナダ人を比較してみるとイギリス出自のカナダ人の方が進歩していること、こういったことはイギリス人の「持続的エネルギーと大胆さ」によるものであるが、イギリス人はこうしたエネルギーをどうやって獲得したかはわからない」。さらに不安をかき立てるのは、ダーウィンが、クレマンス・ロワイエの立場を想起させるような言葉づかいでゴルトンの優生学に近いことを述べていることである。「未開人においては、心身ともに虚弱な個人はただちに排除され、生き残る者は通常その壮健な健康によってわかる。それに対して、文明化されたわれわれは排除が進むことを止めるためにあらゆる努力をする。われわれは痴呆や不具者のために病院をつくり、貧窮者を助けるための法律をつくり、医者は誰もができるだけ長生きするために知恵をしぼる。[…]したがって文明化された社会の虚弱な成員は果てしなく再生産されることになる。しかしながら、家畜動物の繁殖に携わった者なら誰でも、そのなかの虚弱な存在の保存が人間にとっていかに有害であるかを知っている」。

われわれがすでに指摘したように、ダーウィンを明確に把握するのは難しい。なぜなら彼の立場ははっきりしない曖昧なところがあり、かつヴィクトリア朝時代の人間だからである。それに対して現在われわれのレイシズムや優生学の概念は、とくにナチズムのあと、ダーウィンの時代よりもはるかに微妙な問題を含んでいる。コンテクストから切り離すかたちで行なった先の引用はダーウィンの評価を混乱させるものではあるが、彼は今日社会ダーウィニズムと呼ばれるもの（一八八二年の彼の死の三年前にそう命名された）や優生学（この名称はダーウィンの死後一年たってからのもの）の支持者であったことは決してない。ダーウィンは『人間の由来』を刊行することによって、『種の起源』のなかで行なった自らの思想の偽装から距離をとることを公的に表明したのである。ダーウィンは、フランシス・ゴルトンが自分の従弟であるために、そしてゴルトンの矯正主義的な社会提案には同意していなかったが、その知的活動は認めていたために、よけいにこの優生学的偏向に悩まされた。

良い生みの親をカップルにするための衛生学〔優生学〕記録室の設置(54)（これはアメリカではチャールズ・ダヴェンポート〔一八六六〜一九四四、アメリカの動物学者〕によって設置された）というゴルトンの提案に対して、ダーウィンは次のように返事している。「私はあなたの論説にたいへん興味を引かれました。カーストは自然に形成され近親婚に行き着くという考えは、私だけでなく誰にとってもまったく斬新に思われます。しかし私は、あなたほど楽観的ではありません。ありのままに見ると、親族には隠された多くの狂気と残酷があり、記録ファイルがあると、それはさらに増すことになるでしょう。しかし最も大きな難題は、その記録ファイルに誰が記載されるに値するかを決めることです。〔…〕どうやって記録ファイルに記載された親族が純粋なままあるいは他よりも優れた存在として維持されるか、またそれがどうやって時間とともにさらに改良されるか、といったことをあなたが解明したとは、私には思われません」。

アンドレ・ピショが主張するのとは反対に(55)、そしてパトリック・トールが言うように(56)、ダーウィンが従弟の優生学的確信に共感したはずもない。ダーウィンは生涯大病人であったし、ゲルマン系の従姉と結婚した。また彼は近親婚で出生した母親の息子でもあり、自身三人の子どもを亡くしてもいる（そのうちの一人はおそらくダウン症）。ダーウィンの妻の家族――製陶業者ウェッジウッド家――は、医者系のダーウィンの家族と深い関係にあった。ダーウィンの母親は彼が子どものときに死去したが、ウェッジウッド家の出であり、彼の妻もまたウェッジウッド家の出であった。こうしたことから考えて、彼が優生学に与するはずもない。ただ彼は当然にも自分の遺伝的系譜を非常に気かけてはいた。したがって遺伝の問題に敏感になってはいたが、この閉ざされた環と無縁の結婚をして血族性を弱めようとはしなかった。

そうではあるが、チャールズ・ダーウィンは、ヴィクトリア朝時代には取るに足らない言葉であったとはいえ、ナチスのホロコーストのあとでは政治的誤りであり擁護することはできない言葉を書いていることにかわりはない。先に触れたように、彼は従弟に好意的な手紙を書き、優生学を唱道する従弟の本の出版を祝福しているが、それ以上に『人間の由来』のなかに次のような、彼をレイシストと呼ぶ人によって最も頻繁に引用されている一節を書いている。「未開人を現地で見た人なら誰でも、下等の存在の血が自分たちの血管の中に流れていることをなんのためらいなく認めるだろう。願わくば、私は未開人よりも猿かヒヒの子孫でありたい。未開人は敵を拷問し、血のしたたる生け贄を差し出し、平然と嬰児を殺し、妻を奴隷として扱い、品位なるものをまったく知らず、愚劣きわまりない迷信に翻弄されているが、勇壮な猿は恐ろしい敵と勇敢に闘って仲間を救い、老練なヒヒは猟犬の群れから若い仲間を引き離して凱旋する。そのような勇壮な猿か老練なヒヒの子孫でありたい」。このテクストは、ダーウィンが生きた時代の精神のなかに置き直してみると、彼がしばしば槍玉に挙げられるような醜悪な人間であったことを証明するものではないと私には思われる。

ドイツのナチズム

フランスには偉人はひとりしかいない。それが誰だかあなたがたは知らないのだ。

ヴィルヘルム二世

なにはともあれ、ダーウィニズムから流れ出したこうしたイデオロギーは世界を揺さぶることになる。エルンスト・ヘッケル（一八三四〜一九一九）は、アメリカにおけるスペンサーと同じく、ドイツやヨーロッパでダーウィンよりも有名になる。イエナ大学の比較解剖学の教授で哲学者でもあったこの医者は、ダーウィンと彼の同僚たちに会いにいく。ヘッケルは優秀な学者で、一八六六年に生態学《エコロジー》という言葉を発案した人物でもある。彼はとくに、ひとつの種の胚の発生はそれに先立つさまざまな種の連鎖を取り込むという進化論的発見に魅了された。彼はそこから、「個体発生は系統発生を繰り返す」という反復の法則（反復説）を引き出す。それは彼が言うように例外のない法則ではない。しかしながら、若いヒゲクジラが歯を持ち始めることや、クジラが後ろ足の名残りをとどめているといったことは、クジラが過去に地上生物であった証拠であり、これはダーウィニズムを強化するもので、神の創造やインテリジェント・デザインを否定するものである。ヘッケルは進化の系統樹をはじめてつくった人物であり、そのころ遺骨が発見され、のちにネアンデルタール人として知られることになる先史時代の人間を、猿と人間のミッシング・リンクと見なした。ヘッケルはダーウィン理論の拡大適用においてスペンサーよりもさらに無謀で、人種の分類において黒人を猿と白人のあいだに位置づけ、政治を生物学の応用分野と見なしていた。

エルンスト・ヘッケルはドイツの優生学の先駆者としてナチスの思想家に影響を与えた。彼がインド＝ゲルマン語族を高等人種と見なしていたことや、〈汎ゲルマン主義（全ドイツ主義）同盟〉のメンバーであったため、その影響力はいっそう大きかった。ヘッケルは超人を唱える一種の社会ダーウィニズムの戯画であるが、大学の研究者として（クレマンス・ロワイエ以上に）ダーウィニズムを人間のあいだの不平等を証拠だてるものと見なし、「ダーウィニズムは社会主義思想以外のすべてを包摂する」[57]と言明していた。この生物学者・哲学者は反教権主義者として、ダーウィンの唯物論からダーウィンの意図にはない反教権主義を導き出すが、それによって彼の戦闘的無神論は国家社会主義者にも共産主義者にも評価されるところとなる。

この並外れたダーウィン思想の通俗的普及者ヘッケルの著書『宇宙の謎』〔内山賢次訳、春秋社など多数〕は、四十万部も売れて数カ国語に翻訳され、進化の理論は北ヨーロッパでも広まって、北米の大実業家のみならずソ連の英雄やアーリア人の超人の母型となった。清廉かつ穏健な学者ダーウィンは、これで有名になりはしたが、自分の思想からはみだしたこうした事態に驚いた。彼の科学的で穏健なメッセージが、人が他人よりも優秀であることを証明するために使われるイデオロギー的武器に変えられたのだから。ヘッケルが名を知られた学者であっただけに、反論はよけいに難しかった。ヘッケルは海綿動物とクラゲの専門家だったのだから、研究テーマが彼に社会的進化についての権威としてのお墨付きを与えるものではなかったにしても、彼に反論することは困難であった。進化についてのダーウィンの発見はきわめて説得力のあるもので、人間の起源についての長年の問いに応答するものでもあったので、イギリスから出発して北米を征服し、さらに別のルートでヨーロッパに達したのである。フランスでは、歴史家エドガール・キネが、一八七〇年に刊行された『天地創造』のなかで次のような問いを発していた。「自然史の法則が社会的世界の諸問題を解明することができるかどうか」。

キュヴィエの生物不変説とラマルクの創造説に基づいた生物変移説がフランスにおいてダーウィン思想の信憑性を蝕んだことはすでに見たとおりである。もちろんそれは統計人類学にのめり込んだ極右を除いての話ではあるが。クレマンス・ロワイエに続いて二人のフランス人著作家、ヴァシェ・ド・ラプージュ(一八五四〜一八八二)とジョゼフ・アルチュール・ド・ゴビノー伯爵(一八一六〜一八八二)が、人体測定方式に基づく優等人種選別の擬似科学を理論化した。『諸人種の不平等に関する試論』の著者ゴビノーは、有能な外交官であり作家であったが、ゲルマン文化の崇拝者でもあった。ヴァシェ・ド・ラプージュはアマチュア昆虫学者であり、モンペリエ大学の副司書、レンヌやポワティエの司書などを務めた人物で読書家であった。今日人種差別主義者《レイシスト》と見なされているこの二人の人物は、彼らの生きた時代とわれわれの時代が生活習慣や意味体系においていかにかけ離れているかを体現している。当時「人種（race）」という言葉はすべての人が使っていた。ある人々はゴビノーを人種差別主義者（raciste）ではなく人種不平等論者（*racialiste*）と見なしていた。なぜならゴビノーは反ユダヤ主義者ではなかったからである。他方、ヴァシェ・ド・ラプージュは近代レイシズムと反ユダヤ主義の父祖であり、金銭崇拝と「ユダヤ人」を同一視して反ユダヤ主義を標榜していた。ジュール・ゲード〔一八四五～一九二二、フランスの社会主義者〕の創設した労働党のモンペリエ支部を創設したのは彼であるが、彼はまた一八九七年に自由、平等、友愛という標語を決定論、不平等、選択という標語に置き換えることを提案した人物でもある。

　人種優劣論の二人の理論家は、ダーウィニズムの生み出した知的派生物と先史時代の人間についての発見から刺激された。それらはこの二人の理論において、自然人類学と人種神話学との関係について大胆な発想を触発した。しかし彼らは自らをダーウィンの模倣者とは見なしていなかった。国家社会主義のドイツは、アーリア神話を構築するために、こうした雑多な要素のイデオロギー的寄せ集め――とくにヴァシェ・ド・ラプージュの著作――に根拠を求めた。ド・ラプージュはヴィルヘルム二世をして「フランスには偉人はひとりしかない。それが誰だかあなたがたは知らないのだ」と言わしめた人物、とされる。[58] 第二帝国〔一八七一～一九一八、ビスマルク時代のドイツ帝国〕の好戦的で人種差別的な皇帝は、戦争を「必要にして不可避的」であるとして、一九一四～一九一八年の戦争〔第一次世界大戦〕を推し進めた。

　他方、当時の代表的社会学者ルートヴィヒ・グンプロヴィッチ（一八三八～一九〇九）は生命科学を人文科学のなかに導入して自然科学を標榜した。『人種闘争』という本を書いたこのオーストリアの大学教授は、人種闘争の主要な理論家のひとりで、自分が自然の法則と見なすものを社会に厳密に適用する社会ダーウィニストであった。彼はアーリア人種の優越性を唱えるドイツの理論家や、ニーチェやワグナーなど超人思想の哲学者・芸術家に強い影響を与えた。

こうした当時の素朴な生物学万能主義の動きに対して、人文科学のなかに移植された生命科学やダーウィニズムを拒否する動きが当然のごとく現れ、それは今日まで続いている。生物学を科学的に万能化しようという動きはフランスでも現れて、アルフレッド・エスピナスという社会学教授が一八七七年に『動物社会』と題された本を刊行した。彼はそのなかで、人間社会の自然的基盤を、まだ初期段階の動物の行動についての知識（動物行動学はまだ成立していなかった）のなかに求めようとした。このスペンサーの弟子は、当時優秀な学生であったエミール・デュルケムを自分の同僚たちに推薦する。しかしデュルケムは反対の立場をとり、生物学主義への依拠を拒否して近代社会学を打ち立てた。つまり社会的事象は動物との比較から解釈するのではなく、「社会的なものは社会的なものによってしか説明してはならない」ということであり、これは逆にわれわれ人間を孤立させ、人間に近接的な種も含む他の種との比較を妨げることになる。

アカデミックな論争とは別に、不治の精神病者の断種（不妊処置）が両次大戦間期に北米で制度化された。一九〇〇年から一九四〇年にかけてアメリカ合衆国で六万人に適用され、一九五〇年にはアメリカの三十三の州がこれを適用した。優生学法は一九二八年にスイス、一九二九年にデンマーク、一九三三年にノルウェーとドイツ、一九三五年にフィンランドとスウェーデン、一九三七年にエストニアで可決された。ナチス体制はレイシズムと優生学の結合の悲劇的完成である。四十万人にのぼる精神障害者、ジプシー、娼婦、ユダヤ人が断種（不妊処置）の犠牲になった。同性愛者は強制収容所か去勢かの二者択一を迫られた。秘密計画「T4作戦」[59]によって、十八カ月で七万五千人の「望まれざる者」が毒ガスで虐殺された。

しかしながら優生学はナチズムと混同されてはならない。優生学に基づく社会衛生のプログラムのなかには一九七〇年代まで延長されたものもあり、スウェーデンで第二次大戦後に行なわれた六万三千の断種（不妊処置）の大部分はこれに基づくものだった。このハンディキャップと判断された形質の除去というネガティヴな優生学が停止された一方、好ましい形質を優遇するポジティヴな優生学はアメリカで生き続けている。カリフォルニアでは一九八〇年に、人口受精によって天才を生みたいと願う女性のためにノーベル賞受賞者の精子バンクがつくられた。フランスの場合、優生学による処置は一九四二年ヴィシー政権下で一度行なわれただけだが、優生学はたとえば婚前検診というかたちで今も生き続けている。染色体に照準を定めた出生前検診が、不都合な形質を取り除こうというネガティヴな優生学に基づいていることは明らかである。

生存闘争

地上における延命は容赦のない闘いである。

チャールズ・ダーウィン

『種の起源』の作者が論争から逃避する一方、彼の十五歳年下の友人で才能豊かな科学者であったトマス・ハクスリー（一八二五～一八九五）は、一八六〇年「オクスフォードの会合」で、サミュエル・ウィルバーフォース司教（一八〇五～一八七三）に抵抗して有名な論争を行なった。ハクスリーは、「あなたは猿の血筋であると主張していますが、それは祖父方ですか、それとも祖母方ですか」という問いに対して次のように答えた。「〔自分は〕偏見や嘘のために教養や雄弁を使う教育のある人間よりも猿の子孫である方を好む」。その滑らかな弁舌ゆえに「石鹸サム」と異名をとっていた司教は、次のような発言をしていた。「優れた蕪の種はいずれ人間になるなど信じられるだろうか？」ともあれ、この論争で科学の信奉者と宗教の信奉者が分裂し、おのおのが敵を打ち負かしたと確信したのだった……。

「ダーウィンの番犬《ブルドッグ》」と仇名されたハクスリーは、『種の起源』を読んで、「これを考えなかったとは私はなんと愚かだったのだろう」[60]と叫んだようである。このダーウィンの弟子は師があえて触れなかった人間のことについて、『生存闘争とその人間にとっての意味』[61]と題された本で言及し、師の穴埋めをした。この自称科学の兵士は、われわれはまぎれもなく哺乳類であり霊長類であると主張したが、さらに弱者の除去と競争の重要性をダーウィンよりも戦闘的に強調した。ハクスリーはこう言う。「生は絶えざる競合にほかならない。ただし限定的・一時的な家族関係を除いて。ホッブズが描いた人間と人間の闘争は実際に人間存在の正常な状態である」。ハクスリーはあまりに過激だったので、師のダーウィンは次作『人間の由来』でやんわりとたしなめなくてはならなかった。「剣闘士《グラディエーター》」とも仇名されていたこの教え子は、のちにこうした人間社会についての好戦的なヴィジョン——ビスマルクの「力が権利に優先する」という言葉に要約されるような——を倫理感によって和らげるようになる。

今日ダーウィンを免罪するためにいろいろなことが言われているが、(62) ダーウィンから発したさまざまな偏流は必ずしも彼の思想と無縁なものとは言えない。なぜなら彼は、主要著作『種の起源』の誤解を与えるような副題(あるいはタイトルの後半部分)をそのまま放置したからである。すなわちこの本は以下のように題されていた。『自然選択という手段による種の起源、あるいは生存闘争において有利な種族の保存』。(63) こうした単純化された攻撃的言葉が注目を引き、ダーウィンの著作が多くの追随者にとって弱肉強食の法則の記念碑と映じたのは意外なことではない。しかしながらダーウィンの思想はこうした白か黒かという二分図式よりも複雑である。にもかかわらず、彼の弟子たちが極端に走ったこともあって、進化の唯一の原動力は競争であるという考えだけが突出することになった。ダーウィンはこうした混同の原因を自覚していた。なぜなら彼は『種の起源』の初版に続く後続版で、「自然の戦争」から「自然の闘争」そして「生存闘争」というふうに表現を和らげていったからである。

ダーウィンをしつこく糾弾した社会学者ヤコフ・ノヴィコフ〔一八四九～一九一二、ロシア系フランス人の社会学者〕の批判の要点は、ダーウィンが競争、選択、万人の万人に対する闘争といった考えを擁護しているということにあった。一九一〇年に刊行されたノヴィコフのダーウィン批判の本は『社会ダーウィニズム批判』という題名が鮮明に示すように、ダーウィニズムと社会ダーウィニズムをまぎれもなく混同したものだった。ノヴィコフはダーウィンの思想に生存闘争と虐殺への闘争を重ねあわせ、それに対して連帯、協働、相互扶助といったものの価値を主張している。ノヴィコフは反社会主義者であったが、次章で見るように、ノヴィコフと同じ非難や提案がマルクス主義共産主義者やアナキストから社会ダーウィニズムに対して行なわれることになる。

動物や人間の社会における生存への必然的な闘いという考えは、アンドレ・ピショその他によって告発されたが、それはダーウィンから始まった考えでもなければ社会ダーウィニズムから始まったものでもない。それよりも一世紀も前に、〔カール・フォン・〕リンネが『自然の体系』のなかに次のように書いている。「人間は動物と同じ自然の法則に従属する。戦争は人間が多すぎる場所で自然の法則から生まれる。〔…〕人口が増えすぎると生存のための融和や手段が減少し、隣人に対する羨望や悪意が増大する。これが万人の万人にたいする闘争を引き起こす」。また生存闘争という考えの起源は非常に古く、ギリシャの昔からホッブズまで続いている。十七世紀や十八世紀にも、それはよく言及された。しかし、ビュフォン、リンネ、そしてとくにマルサスにおいて、これはさらに残忍な意味を持つようになり、崇高な諧調という考えは影を潜め、世界が激動するようになった。ダーウィンは〔アレクサンダー・〕フォン・フンボルト〔一七六九～一八五九。ドイツの博物学者〕に敬服していた。

フンボルトは自然史家・探検家であり、科学的生態学《エコロジー》の発明者としてダーウィンの先駆者であった。ダーウィンは自然を機能的総体つまりエコシステムとして捉えるフンボルトのヴィジョンに納得していた。しかしフンボルトがそこに自然の諧調的秩序、エデンの園、パラダイスを見るのに対して、ダーウィンはそこに地獄を見ようとしていた。なぜなら、そこでは均衡は延命のための絶えざる闘争の結果でしかないと考えたからである。同じ赤道直下の熱帯森林を前にして、一方はオプティミスト、他方はペシミストであったのだ。

当時の多くの思想家はダーウィニズムと好戦的呼びかけとを混同していた。たとえばのちに自由思想家となった神学校の教授エルネスト・ルナン〔一八二三〜一八九二〕がそうである。彼はダーウィニズムのなかに創造者（神）なしで済ませるための手段を見いだした。ラマルク的生物学者フェリックス・ル・ダンテック〔一八六九〜一九一七〕も同様で、彼は一九一一年に『万人の闘争』と『社会の唯一の基盤としてのエゴイズム』という本を刊行した。ライン川の向こう岸〔ドイツ〕では、ヒトラーの登場よりもずっと前に、社会ダーウィニズムを取り込んだ汎ゲルマン主義〔全ドイツ主義〕――もっと正確に言えば生物学的レイシズム――が、選択と統合の手段としての人種戦争を推進していた。この好戦的イデオロギーはすでに第一次世界大戦の勃発に一定の役割を果たし(64)、第二次世界大戦はその敗戦への報復の必要から生まれたとも言える。ヴァシェ・ド・ラプージュの心酔者であった好戦的なヴィルヘルム二世は、第一次世界大戦をきっかけに退位して一九一八年にオランダに亡命するが、第二次世界大戦勃発に際してヒトラーに祝電を打っている。

ジクムント・フロイト〔一八五六〜一九三九〕もまたダーウィン革命に魅了されたひとりである。

彼はダーウィンの思想を自分の世界観のなかに組み込もうとした。たとえばダーウィンが『人間の由来』のなかで述べている原始集団の仮説は、原初的氏族の若い雄が雌をわがものとするために父親を殺そうとするというフロイトの理論のなかに流れ込んでいる。(65) フロイトは、人間が神の創造物でもなければ自然から選ばれた種でもないというわれわれの置かれた特別の位置の再検討から、人間の自己愛《ナルシシズム》を導き出している。そして奇妙なことに、フロイトは人間社会を説明するために（ときに不器用な仕方ではあるが）生物学を呼び出している。なぜならフロイトは自らを科学者と見なしていたからであるが、ただしフロイトの弟子たちはこれに反対している。(66) コペルニクスが地球は宇宙の中心ではないことを証明し、ダーウィンが人間は創造物の中心ではないことを証明したあと、精神分析の始祖は人間性の中心にあるのは理性ではなく無意識であることを明らかにした。したがってフロイトは自らを思想史上三番目の大革命者（しかも前二者に劣らぬ）と見なしていたが、(67) それはフロイトの自己誤認であった。(68) フロイトは「最も痛烈な一撃はおそらく三番目という心理的屈辱感である」(69) と考えていたということだが、これはどうであろうか。ともあれ、彼が死の本能と名付けたものに注目し、また彼の文明への幻滅を増大させたナチスとの軋轢に鑑みると、フロイトのなかには自然についての――とくに人間本性についての――ネガティヴなヴィジョンがあったことがわかる。これはダーウィンが期せずしてフロイトにもたらしたものであろう。そしてまたこのヴィジョンは、両大戦間期に深く世界に浸透したものでもあった。

こうした動物ならびに人間の社会についてのペシミスティックな考えは、動物の行動研究の普及のなかでも現れている。一九六〇年から一九七〇年にかけて動物行動学が拡大発展し、科学者たちは人間を単純に説明し人間社会の悪に解決策を提案するために、この生まれたての科学を使うことができると信じた。ロバート・アードレー[70]〔一九〇八〜一九八〇、アメリカの劇作家・サイエンスライター〕のような著作家は、競争に基づく攻撃的ダーウィニズムを好んで使った。人間の獣性についての言説が流行し、著作家たちはたとえばデズモンド・モリス〔一九二八年生、イギリスの動物学者〕の『裸のサル』[71]（一九六七）〔日高敏隆訳、角川書店〕に見られるように、人間の動物性を前面に押し出すことによってスキャンダル的成功を追求した。

オーストリアの動物行動学者コンラート・ローレンツ（一九〇三〜一九八九）が一九六三年に刊行した『攻撃──悪の自然誌』〔日高敏隆・久保和彦訳、みすず書房〕が世界的成功を博し、生存闘争を賛美するこの時代を締め括ることになった。生物学に基づいた社会学を擁護するこの本には次のように書かれている。「選択のファクターは敵対する隣り合った人間集団の戦争であった。この戦争は戦いの効果による選択を極端なかたちで引き起こした」。これはダーウィンが『人間の由来』で書いたことと響きあっている。ダーウィンはこう書いている。「隣り合った二つの部族において、一方が他方よりも少数で力が弱いとき、紛争はすみやかに戦争、虐殺、残忍、奴隷化などによって解決される」。しかしその一方で、この二人の著作家は攻撃性を人間が昇華しなくてはならない本能と見なしてもいた。

動物行動学の創始者ローレンツは、二十世紀の半ばに新たな科学研究計画を設定して、ダーウィンの仕事の継承者たらんとし、とくにさまざまな種のあいだの比較を行なおうとした。実際ダーウィンは、今日栄えている進化科学の父であっただけでなく、政治的生態学《エコロジー》よりも百年前に登場した科学的生態学《エコロジー》の創始者のひとりでもあった。ダーウィンの仕事は珊瑚礁の島の形成を説明する論文から始まり、ミミズの果たす大きな役割についての本で締め括られたのである。ダーウィンはまた、昆虫学者のアンリ・ファーブルと同様、動物行動学の先駆者・創始者と見なすことができる。その証拠に彼は一八七二年に『人間と動物における感情表現』という本を刊行している。彼はウォレスへの手紙のなかで、このテーマを「自分の十八番《おはこ》」であると述べている。ダーウィンはこうした科学をつくることによって、われわれ人間と他の種とのあいだに心理的次元の架橋を行なったのであり、これは当時としてはきわめて先進的であり、われわれの時代においてもなお先進的であると言えるだろう。

しかしながらローレンツは、動物はおしなべておのれの種を防衛するという考えに偏していく。これは種を観念的カテゴリーとして捉えるもので、動物にとってなんら意味をなさない話である。それに対してダーウィンは、もちろんローレンツよりも過去の人であるが、個体が再生産されることについてもっと先まで見通している。これは遺伝学によって強化されるところとなる個体群の思想である。ローレンツは、たとえば狼の服従の姿勢（したがって狼の家畜化された末裔である犬にも通じる）を強調して、(72)これは同じ種内のメンバー同士の闘争の回避であると絶対的に信仰している。しかし、ダーウィン的論理によると、そもそも動物は危険な闘いを避けるためにお互いに無駄なことをしないが、ただし必要に応じて内部闘争を行なう能力は完全に有しているということである。この動物と人間の世界における対抗の否定は種内の競争を排除する考えであり、自然選択説に対立するものでもある。そしてこの考えは、次章のテーマをなす社会主義者とくにダーウィニズムをなかなか理解できなかったマルクス主義者にも浸透したのである。

FLN[73]に属するアルジェリア人によってストックホルムで非難されたアルベール・カミュと同様に〔カミュのノーベル賞受賞のさいのエピソード〕、ローレンツは一九七三年にノーベル賞を受賞したあと、アメリカの科学雑誌で「ナチスの共感者」であったことを非難された。しかしカミュの場合とちがって、ローレンツの場合はそれなりの一件書類が残っている。アンドレ・ピショが『純粋社会――ダーウィンからヒトラーへ』という本のなかで、例のごとくいささか手荒いやりかたでこの問題を扱っているが、事実はこうである。すなわち、われわれが見たように、ダーウィンが批判されるべきなのは彼が書いたいくらかの文章にすぎず、公的文書にはいっさい関わりがないのに対して、ローレンツはナチスの党員証を所持し、確信的な優生学支持者であり、人種政策局の構成員でもあった。しかも当時、彼は次のような不用意な文章を残している。「わが国家の基盤としての人種主義思想は、すでに〔…〕こうした方向でかぎりなく活動してきた。われわれはわれわれのなかの最良の人々の健全なる直観を信頼し、わが民族が繁栄するか滅亡するかを決定づける選択を彼らに託す義務と権利を有している[74]」。イギリスがドイツに宣戦布告したとき、ローレンツは彼が師事した教授オスカル・ハインロート[75]に次のような手紙を送っている。「人種を生物学的に見る観点から言うと、非白人、黒人、黄色人、ユダヤ人、混血人が手をつなごうとしているときに、世界で最も優秀な二つのゲルマン系民族が戦争をすることは災厄としか言いようがない」。

この動物行動学の創始者は、ウィーン近郊の現在は博物館になっているアルテンベルクの家で生まれた。彼は晩年そこに戻り、私はドナウ川のほとりで、先に述べた非難について彼と何度も議論したことがある。ローレンツはそのとき、われわれ人間が自己家畜化することの方が人種の混交よりも危険であると言いながら、自分はナチスに反対しようとしたのだと述べた。さらに彼は、ナチスの残虐行為や強制収容所の存在は戦争末期になって初めて知ったとも述べた。しかし彼を許すことは難しいだろう。なぜなら、彼の場合は、カミュやダーウィンへの非難よりも大きな根拠と責任があるからである。ただし、一九四〇年以前には、幾百万人ものドイツ人がナチスの党員証を持っていたことも考慮しなくてはならないだろう。哲学者マルティン・ハイデガーしかり、オーケトラ指揮者になるために党員であることを利用したヘルベルト・フォン・カラヤンしかりである。

第三章　ダーウィン社会主義

進化の理論において人々が理解できないことは、進化の理論が固定的ものではなく、まさに進化するということである。科学は一般に固定的なものではない。

フランソワ・ジャコブ『マガジンヌ・リテレール（*Magazine littéraire*）』一九九九年三月

イギリスのマルクス主義

マルクス主義は偉大なダーウィンの遺産のなかに含まれている革命の萌芽を発展させ凝縮させた。

マルセル・プルナン『ダーウィン』一九三八年

ヴィクトリア朝時代のイギリスは、ヨーロッパと北米における進歩を領導した。この西洋文明の経済的、テクノロジー的、商業的、戦闘的な高揚は『種の起源』の成功と無関係ではなかった。そしてそれは同時に進化の勝利との混同をもたらした。そこから生まれた社会ダーウィニズムは多くの著作のなかで展開されているが、そのなかでも特異なのは、ダーウィニズムと社会主義の関係である。この産業社会の拡大は当然にも、プロレタリアの増大、暴動、労働運動の高揚といったものを伴っていた。資本主義がスペンサーのおかげでダーウィンのメッセージをおのれのために役立てる一方で、社会主義世界はダーウィンの思想と苦闘していた。というのは、社会主義とダーウィン思想との関係がはっきりしなかったからである。しかしなかには、想像力を駆使してダーウィン思想を信奉するようになった者もいる。ほとんど知られていないこのことをこれから見ていこう。

『種の起源』には社会主義の理論家も注目した。フリードリヒ・エンゲルス（一八二〇〜一八九五）は次のように順当な評価を下している。「いまダーウィンを読んでいるが、これは実に素晴らしい本だ。これまで目的論が崩れていなかった面があったが、それがいま完全に崩れた。さらに、自然には歴史的発展があることをこれほどのスケールで、しかもこれほどうまく証明する試みはなかっただろう」。カール・マルクス（一八一八〜一八八三）も、例の尊大な口調ではあるが、次のような認識を表明している。「イギリス的特徴である説明の繊細さの不足はあるが、この本のなかにはわれわれの考えの歴史–自然的基盤が存在する」。マルクスはすぐにダーウィンはこの本の読書を途中で放棄した。『資本論』をダーウィンに送る。しかしダーウィンはこの本の読書を途中で放棄した。ママルクスからダーウィンへの献辞が記されたこの本は、八二二ページのうち一〇五ページまでしかページが切り開かれていなかった〔読書の痕跡がなかった〕ことがその証拠である。マルクスはダーウィンにルクスはダーウィンに『資本論』の英語版を献呈すればよかったのだが〔長いあいだ英語版を献呈したと考えられていた〕〔ダーウィンはドイツ語が得意ではなかったようだ〕、それはともかく一八六一年友人のフェルディナント・ラッサール〔一八二五〜一八六四、ドイツ（プロイセン）の政治学者〕に次のように書き送っている。「ダーウィンの本はきわめて重要です。それは私が自然科学によって階級闘争の歴史を打ち立てるのに役に立つものです」。エンゲルスは一八八三年、マルクスの墓前の弔辞のなかで次のように語っている。「ダーウィンが有機的自然の進化の法則を発見したのと同様に、マルクスは人間の歴史の進化の法則を発見したのです」。これは友人に対する心のこもった言葉だと私には思われる。

ところで創造者なき天地創造についてのダーウィンの説明を称賛したあと、二人のコミュニストはダーウィンを批判している。なぜならダーウィンが依拠する〈競争〉という考えは社会主義的観点からすると、きな臭いからである。エンゲルスは次のように留保している。「私はダーウィンの進化の理論を学説として受け入れるが、彼の証明方法（生存闘争と自然選択）は、新たに発見した現実についての初歩的・一時的で不完全な表現としてしか許容しない」。マルクスは以前崇拝したダーウィンに容赦せずに次のように言っている。「ダーウィンはイギリス社会における生存闘争〈万人の万人に対する闘争〉を起点として、生存闘争が動植物の生における支配的法則であることを発見するに至った。しかしダーウィニズムの運動はそこに、人間社会が動物性から決して解放されることはないという決定的理由を見るのである」。

マルクスはエンゲルスへの手紙で次のように何度も繰り返している。「ダーウィンが動物や植物のなかに、自分のいるイギリス社会の姿、その分業、競争、新市場の開拓、「発明」、「マルサス的生存闘争」といったものを認めていることは注目すべきことである。それはホッブズの言う〈万人の万人に対する闘争〉[76]であり、ヘーゲルの『精神現象学』を想起させる。ヘーゲルにおいては市民社会が「精神の動物界」を取り仕切るのだが、ダーウィンにおいては動物界が市民社会を取り仕切るのである」。ここで言われているダーウィンの思想をジャン・ガイヨンは次のように要約している。「ダーウィンは自然選択による進化論を構築しながら、自然科学のなかに自由主義経済から借用した図式を持ち込んだ」[77]。経済的次元だけでなく道徳的次元においても、どんな時代のどんな著作家にもあてはまるこの批判は以後拡大し、ダーウィン批判者の大半が引き継ぐことになる。しかし進化論の父はとくに進歩至上主義という点で時代の子ではあったが、当時のヴィクトリア朝の人々に比べればはるかに利権にこだわらず、それほど女性差別主義者でも植民地主義者でもなく、自分のことに没頭する人物であった。ダーウィンの生きた時代は、多くの人々が皮膚の色は人種の違いを表わすものではなく、種の違いを表わすものだと考えていた時代であることを念頭に置かねばならない。

　こうしたヴィクトリア朝の一般的道徳は必ずしも褒められたものではなかった。それゆえダーウィンは、当時の育ちのいい人々の礼儀作法の規範に順応した過剰なまでの謙虚さを有していた。彼は卓越した科学者になりながら、子どもや孫に向けた『自伝』のなかで、自分を度し難い〈のらくら〉として描いているが、実際はとてつもない仕事の虫であった。父親に対しても卑下するか自分の駄目さを誇張していたので、彼の注釈者たちはこの「落伍者」がどうしてこのようなすごい理論をつくることができたのか自問している。たとえば次のように。「野心もほとんどなく、想像力も知識も乏しいダーウィンが、同僚が羨望するような理論をどうやって発見したのだろうか？　能力にも感受性にも乏しい精神の持ち主が、これほど複雑な根元的概念をどうやって構築することができたのだろうか？」[78]。

　ダーウィンは自然選択の理論の社会的解釈からつねに慎重に距離をとっていたが、これは正しい選択であった。彼はこの理論に先験的《ア・プリオリ》に優先的な意味はまったく与えていなかったからだ。しかし文明化された白人が動物や他の人間よりも優越していることを証明するためにこの理論を利用しようと考える世界中の弟子たちからのプレッシャーから逃れるのは容易ではなかった。彼らによると、その優越の理由はダーウィンの理論に内在していた。彼らのあいだで考え方が異なっていても、この点では一致していた。すでに見たように、ダーウィンは優生学支持や進歩至上主義の傾向をいくらか有してはいたが、こうした短絡的結論からはつねに距離をとっていた。ヴィクトリア朝のすべての人々だけでなく、われわれ現代人でもほとんどの人が、人間という種が進化の頂点にあることを主観的価値判断ではなく科学的真理であると信じているが、ダーウィン自身は人間を進化の頂点には位置づけていなかった。ここに生物学的事実と社会的解釈との相互浸透的な境界線の存在を見て取ることができるが、これはダーウィニズム（ダーウィン思想）のオリジナリティーであると言うことができるだろう。

大半のマルクス主義コミュニストは生物の世界を説明するのにダーウィンの唯物論的説明を受け入れた。しかし他方、彼らはマルサス主義と競争論理を拒否した。このジレンマはアナキスト、コミュニストも同様だった。しかし彼らはこの二律背反を乗り越える方向に向かおうとする。こうした根源的議論が生じたのは意外なことではない。なぜなら社会主義者の政治的確信は、彼らがダーウィニズムと一緒くたにしていた社会ダーウィニズムと基本的に対立するものだったからである。すでに指摘したように、社会ダーウィニズムという軽蔑的表現は、一八七九年、第五十回ドイツ自然史家大会で、指導的人物たちが進化の政治的意味をめぐって対立したときにつくられたものである。ダーウィニズムが科学的理論に限定されるものではなく、人間を巻き込むものでもあると考える人々にとって、これはつねにアクチュアルな問題である。ダーウィニズムは社会的不平等を正当化するものか、あるいは社会主義を前進させるものか、という問題である。

この大会で、ドイツの二人の大生物学者が対立した。「社会主義とダーウィニズムは水と火のような関係である」と考えるエルンスト・ヘッケルと、ダーウィニズムは社会主義と混じり合うと考えるルドルフ・フィルヒョウである。しかし、この議論の主役であったはずの進化論の父はどう考えてていたのだろうか？　人間を知らないではなかったが自然科学を好んでいた穏健なダーウィンは、弟子たちが熱狂する自分の科学的発見の社会的適用から距離をとり、隠棲して研究を続ける部屋からこの激烈な党派抗争的論争に驚きの目を向けていた。「ドイツでは社会主義と自然選択進化論との関係をめぐってなんと愚かな考えがはびこっていることか！」[79]。

この歴史的議論は今日から見れば驚きである。当時存在していたダーウィニズムと社会主義の関係が忘却されてしまったからだが、それはマルクスとエンゲルスがこの議論を隠してしまったからである。一八六八年、現在では考えられないこのダーウィニズムと社会主義の結合について二冊の本が刊行された。アルベルト・ランゲの『唯物論の歴史』とルートヴィヒ・ビューヒナーの『ダーウィン理論に関する六つのレッスン』である。この著者たちは生存闘争と階級闘争を同義語であると考えていたので、これはマルクスを怒らせ、エンゲルスはもっと怒った。彼らは自然選択という考えに反対していたからである。〈インターナショナル〉に加盟していたドイツの生理学者ビューヒナーは一八九四年、『ダーウィニズムと社会主義』という本を刊行し、そのなかで生存競争の発展による一種の社会的貴族政体の創設を推奨してもいる。

マルクスの娘婿で『怠ける権利』という破壊的著書の作者であるポール・ラファルグは、ダーウィニズム／社会主義論争について鋭い洞察力を示した希有な人物である。ラファルグは、「カール・マルクスの経済唯物論」と題された一八八四年の講義のなかで、次のように述べている。「これらの〔社会ダーウィニズム論争に関わった〕人々は、自分たちの科学的方法論から脱却して社会学者に変身することによって、自然界で働いている多様な諸力を無視して、唯一「生の競い合い」という働きだけを取り出した。彼らは科学を去勢して資本主義社会の擁護に役立てたのである」。義父マルクスを尻目に、ラファルグは次のようにも書いている。「自然選択はダーウィンの大発見である。〔…〕支配階級の腐敗は宿命であり、それはダーウィン理論の正しさを確証するものである〔…〕。現在の支配階級、資本家階級は、ナメクジウオ[80]のようなもので、もはや胃袋だけになろうとしている」。ラファルグはクレマンス・ロワイエにも会いにいって、社会ダーウィニズムではなく社会主義ダーウィニズムのために一緒に闘おうと説得を試みている。しかしそのとき、この自分以外の女性たちを軽蔑していたフェミニスト、「キリスト教を嫌悪する情熱的な理神論者[81]」、この生物学的レイシズムの創設者は、ラファルグに向かって、「私には労働者階級への共感はいっさいありません」と返答した。

ソ連のルイセンコ主義

いかなる植物や動物にも階級社会は存在しない。したがって生物学で言う種内競争は階級闘争ではない。

デニソヴィチ・ルイセンコ

あるマルクス主義理論家が『人間の由来』を綿密に読み、ダーウィンとスペンサーの違い、ダーウィニズムと社会ダーウィニズムの違いをしっかり理解した。それはオランダの天文学者アントン・パンネクーク〔一八七三～一九六〇〕で、彼は一九〇九年『ダーウィニズムとマルクス主義』[82]と題された小冊子を出版した。パンネククークは史的唯物論に忠実で、ダーウィン的に動物性を文明につなげることを拒否し、人間と動物を切り離して捉えようとする。彼はエンゲルスに倣って、労働と言語を重視することによってその分離を明確にしようとする。正統派マルクス主義者にとって、動物の歴史的進化は受動的なもので、人間の歴史的進化とは区別されなくてはならない。人間はおのれの進化をコントロールすることができるというわけだ。人間においては、階級闘争が生存闘争に取って代わる。そして階級闘争はプロレタリアの楽園とも言える「階級なき社会」に至るまでの一時的状態である。それに対して、ダーウィンにとって、自然選択は永遠であり、かつ生に内属したものである。

ダーウィニズムの偏流は西ヨーロッパだけにとどまらない。それはロシアでさらにオリジナルな展開を見せる。新生ソ連のレーニンはヘッケルとダーウィンの大ファンであった。なぜならこの二人の理論はレーニンの反教権主義的自由思想家としての確信に科学的根拠を与えてくれたからである。レーニンは『唯物論と経験批判』のなかで、この二人を生物の世界の唯物論的説明の創始者として幾度となく引用している。レーニンのあとを継いだスターリンは、ネオ・ラマルキズム（新ラマルク主義）

に完全に同調し、一九〇六年に刊行された『アナキズムか社会主義か』のなかでそれを公言している。一九三五年、コルホーズ農民第二回会議のときに農学者デニソヴィチ・ルイセンコ〔一八九八～一九七六〕が行なった発言に対して、農業労働の英雄たちを激励しに来ていた専制君主スターリンはこう叫ぶ。「ブラボー、同志ルイセンコ、ブラボー!」。

したがって議論の出発点はラマルキズムとダーウィニズムのあいだの古典的論争である。これは英語圏諸国ではすでに終わっていたがフランスでは続行しており、一九七〇年代当時最も影響力のあった生物学者ピエール゠ポール・グラーセ〔一八九五～一九八五、フランスの動物学者〕は、同じ種の諸個体のあいだの変異は認めるが、ひとつの種から他の種への大進化は認めていなかった。グラーセは一九七一年、『おまえ、この小さな神よ――人間の自然史についてのエッセー』という本を刊行する。この本はタイトルからわかるようにデカルトとキュヴィエの伝統を引き継いだものである。グラーセはさらに一九七三年、『生物の進化――新たな生物変移説のための資料』という本を刊行する。ソ連という全体主義世界では、議論は極端かつ不条理な展開を見せる。ダーウィンと自然選択説に対するマルクス主義の批判は強化される。党の路線はラマルキズムに近いものとなり、政治家は優れた科学者とますます対立していく。ラマルクがスターリンとルイセンコという並外れた擁護者を持つことになったからである。

当時、ロシアの生物学は非常に進んでおり、ソ連の遺伝学者は世界で最も優れていた。しかし一九三〇年代、ソ連の遺伝学の創設者セルゲイ・チェトヴェリコフ〔一八八〇～一九五九〕は、獲得形質の遺伝を批判したためにモスクワから追放され、流刑に処せられていた。彼はすべての突然変異が有害なわけではないこと、また有益な変異から致死的な変異にゆっくり進むこともあることを実験で証明していた。これは自然選択についてのダーウィンの理論に遺伝学的基盤を与え、遺伝学者と自然史学者を架橋するものであった。チェトヴェリコフはまた、遺伝子は相互作用を行なうこと、同じ遺伝子が周囲のあり方しだいで違った現れ方をすること、ひとつの遺伝的特徴はいくつかの遺伝子に依存することなどを明らかにした。それに対して、当時西洋の学者たちは「いんげん豆の嚢の遺伝学」の段階にあった。つまり、ひとつの遺伝子にひとつの形質が対応するということだ。チェトヴェリコフはさらに、すべての生物のなかには遺伝的変異能力の巨大な備蓄が存在することを明らかにしたが、これは今では広く認められていることである。

ルイセンコは政治イデオロギーと科学的議論を巧妙に混ぜ合わせながら、自分の擬似科学がプロレタリア的であり、遺伝学はブルジョワ的であると、ソ連の独裁者に納得させた。この技術者レベルの農学者は、外部の敵（当時コスモポリタンと形容されていた）に対する反対キャンペーンを利用して、ソ連の農業システムの破綻を外国産の科学としての遺伝学のせいに帰した。ルイセンコによると、メンデルの発見した遺伝法則は、マルクス＝レーニン主義の教義と相容れない偶然思考を導くものであった。ルイセンコはこう述べている。「われわれの科学からメンデル＝モーガン主義を取り除くことは、生物学から偶然思考を追放することである」。ジャック・モノーの有名なエッセーのタイトルとなったギリシャのデモクリトスの表現を使うなら、偶然と必然の均衡を図るにはおよばないということである。なぜなら必然だけが弁証法的唯物論と両立するからである、というわけだ。科学における非決定論に対するこうした非難は物理学にもおよんだ。つまりそれは、核兵器競争におけるスターリンのイデオロギー的ためらいを一掃し、少なくともこの分野におけるロシアの実験室の解体を妨げることになった。

このネオラマルキズムによると、ある種の穀類や家畜動物は環境条件しだいで別の種に変化しうるが、つねに証人は存在しない。アメリカ人モーガンによって発見された染色体理論は偽りであり、一滴の樹液が植物の遺伝を伝達することができる。ひとつの種の内部における個体間の生存闘争や生存競争は生物の世界に存在しない。なぜなら階級闘争が種の内部の生存競争を禁じるからである。「狼は共食いしない」と、この擬似学者は説明する。

ルイセンコは駅長から庭師になった〔イヴァン・〕ミチューリン〔一八五五～一九三五〕の仕事を引き継ぎながら、ソ連体制が応援してくれるなら、マルクス主義出自のプロレタリア生物学――ソ連式創造的ダーウィニズム――をつくりあげることができると提案する。このタイトルに進化論の父の名前があるが、これは思い違いである。なぜならマルクス、エンゲルス、レーニン、スターリン、クロポトキン、それにルイセンコ自身も、自然選択抜きのダーウィニズムを提唱しているからである。やがて遺伝学が自然選択を抜いたダーウィニズムはありえないことを明らかにすることになる。しかしダーウィン自身も、獲得形質の遺伝をある程度まで信じていた(85)。そして最近、環境の役割へのちょっとした回帰が後成説として登場してきてもいる。それにしても、こうしたマルクス主義コミュニストたちは、なぜラマルキズムに向かったのだろう。それは単にマルクス主義だけに帰せられることではない。なぜなら、たとえば当時のフランスの学者たちのあいだにも同じ確信が見られるからである。それはより広い政治的・社会的見地に立った人々である。これらの思想家は非宗教的で、教育による進歩を理想として信じていた。[86] ひとえに教育だけが人間を遺伝から解放するというこのイデオロギーは、無神論や社会主義を超えるものでもある。深い宗教心を持つと同時に自由主義的でもあったこの時代の北米のネオラマルキズムの信奉者は、環境を軸にして新しい人間を構想するという考えにおいてロシアのコミュニストと共通点を有していた。イデオローグたちが社会改革は人間性を変えるだけで十分であると考えるとき、内部的要因つまり遺伝的要因を否定し、すべてを環境の影響に基づくものに帰することは容易になる。

一九三六年、ルイセンコを批判した植物生理学の先達ニコライ・マクシモフ〔一八八〇～一九五二〕は、ガリレオやビュフォンのように、自分の誤りを認め懺悔するように強制される。遺伝学者で、ウクライナ科学アカデミーの終身幹事であったイズライル・アゴル〔一八九一～一九三七〕は、ジョルダーノ・ブルーノのように、自説を撤回することを拒否したため、トロツキストという虚偽の告発の下に処刑される。ルイセンコは、一九三七年モスクワで開かれるはずだった国際遺伝学会議を中止させ、こうした出来事を隠蔽する。ルイセンコは社会主義的パトリオティズムの名の下に、ロシアの遺伝学のすべてのラボラトリーを閉鎖し、それに憤慨した研究者たちを強制収容所に送る。共産主義シンパでもあったハーマン・マラー〔一八九〇～一九六七、アメリカの遺伝学者〕はロシアを脱出して北米に亡命し、やがてノーベル賞を獲得する。一九四八年、ルイ・アラゴンをはじめとするフランス共産党の幹部たちは、ルイセンコ主義を次のように紹介している。「〔ルイセンコ主義は〕レイシズムとナチズムの原因として告発された人間生物学や遺伝学と闘って勝利した[87]」。

「古典的遺伝学の最も有名な人物ニコライ・ヴァヴィロフ〔一八八七～一九四三〕は、他の多くの同僚と同じように、光も食べ物もない独房のなかで死ぬことになった」[88]。ルイセンコが彼に取って代わって農業科学レーニンアカデミーの会長となり、科学アカデミーのメンバー、遺伝研究所の所長、スターリン賞の受賞者、ソ連の英雄、ソヴィエト議会の議員、等々となる。他方ヴァヴィロフは、ルイセンコの側近協力者の論文のなかで、名指しで誹謗中傷される〔その口調はジョージ・オーウェルならニュースピークと呼んだだろう〔小説『一九八四年』のなかで全体主義国家が世論操作のために用いる言語表現〕〕。その論文は彼を裁く訴訟の直前に出されたもので、「遺伝学における擬似科学理論」と題されていて、そこにこう書かれている。「唯一の科学はマルクス主義である。ダーウィニズムはその一部にすぎない。世界認識の真の理論はマルクス、エンゲルス、レーニンによって与えられた」。この絶対不可侵のマルクス主義裁判の雰囲気のなかで、コルィアの強制収容所《グラーグ》で死去したのち、復権されることになる科学の殉教者ヴァヴィロフは、次のように公然と表明する。「われわれは火刑台に送られ、生きながら燃やされるだろう。しかしわれわれにわれわれの確信を捨てさせることはできない」。

ニキータ・フルシチョフは一九六四年に失脚するまで、プロレタリア生物学の権力を支持し続ける。その後ソ連当局は、暴落した農業生産の立て直しをするはずだった新種ができていないことをようやく認識する。この科学史における信じがたいほどの蒙昧の時期は、一九三五年から一九六五年まで続いた。しかしルイセンコ主義はソ連帝国において決して公式には断罪されなかった。一九六九年のジョレス・メドヴェージェフ〔一九二五～二〇一八、ロシアの生物学者〕による批判、一九八三年のヴァレリー・ゾイファー〔一九三六年生、ロシア系アメリカ人の生物物理学者〕による批判ですら、物議をかもした[89]。

この錯乱は科学的発見や明証性を否定しているから、明らかに一貫性を欠いているように見えるが、他方それは事実や科学をイデオロギーに奉仕させることの潜在的危険性を極端なかたちで示している。ソ連の教条主義は当時絶頂期にあり、科学的社会主義を自称する対抗権力不在のこのシステムのなかでは批判は不可能であった。ルイセンコのケースは常軌を逸脱していたというよりも、このような状況下においてはありうる偏向の極端な事例にすぎない。当時、ソ連はプレートテクトニクスの専門家（ウラジディミール・ベロゾフ）、相対性理論の専門家（ニコライ・マクシモフ）、言語学の専門家（ニコライ・マル）、自然発生説を唱えた生物学の専門家（オルガ・レペシンスカヤ）など、諸領域の〈ルイセンコ〉を輩出していたのである。

この明証性と遺伝法則の拒否はいっさいの生物学的決定論を否定するマルクス＝レーニン主義の教義としては一貫性のあるものだった。しかしわれわれが本能によって拘束されている存在であるとしたら、どんな人間もソ連式の新しい人間にそんなに簡単に変容することはできないだろう。したがってここで問題となっているのは、遺伝と環境、先天性と後天性、自然と文化といったもののあいだの永遠の議論の局地的展開なのである。しかしソ連では、このうちの第一項がはっきりと否定されたため、議論が不条理な証明に変容したのである。そしてこれはソフトなネオ・ルイセンコ主義の到来を告げるものでもあった。(90)

ヨーロッパのアナキズム

相互扶助は道徳的本能の人類以前の起源を支持する論拠としてだけでなく、自然法則や進化の要因としても重視される行為であると見なすことができる。

ピョートル・クロポトキン『相互扶助論——進化の一要素』序文、一九〇二年

マルクスとエンゲルスがダーウィンの発見を称賛したあと、これを過小評価したのに対して、もうひとりのコミュニストでアナキスト——したがってマルクス主義のライバル——ピョートル・クロポトキン（一八四二～一九二一）は、ダーウィンの思想の全射程を把握した。この科学的教養人は、生命科学に対してマルクスやエンゲルスのような警戒心を持たなかったが、マルクス主義弁証法に対しては根拠薄弱として警戒心を持っていた。クロポトキンにとって自然科学は社会科学のモデルをなすものであった。彼はアナキズムの科学的基盤を求め、次のように考えていた。「アナキズムは自然科学の帰納‐演繹法によって得られた一般論を人間の諸制度の評価に適用する試みである」。かくしてこの地理学者はアナキズムと近代科学の哲学的含意とのあいだに論理的結びつきを打ち立てる。クロポトキンは自分が尊敬するダーウィンに対抗しようとするのではなく、ダーウィンの思想を補足しながら延長しようとする。しかし、自ら好んで貧者となり迫害されたこのロシアの貴族は、マルクス主義の二人の先駆者と同じ理論的袋小路に陥る。すなわち、ダーウィニズムは超自然的力へ訴えること

なしに（天地）創造の問題を解決することを可能にする――これは唯物論者にとってもってこいである――が、エゴイズムに基づいたこの世界は社会主義者の確信とはまったく合致しない、という矛盾である。

しかしながら、この絶対自由主義思想家のダーウィン批判は、マルクス主義の創設者の批判よりも革新的かつ建設的である。マルクスとエンゲルスは、彼らの社会経済理論にとってダーウィニズムの都合のいい点と不都合な点を取り上げるだけで満足していた。それに対してクロポキンは、獲得形質の遺伝性を擁護し自然選択に反対していたにもかかわらず、生物学と社会主義とのこの最初の出会いを称賛する。クロポトキンは競争に基づいたダーウィン理論を〈協同〉という生き物の別の進化の原動力によって補完しようとする。

ピョートル・クロポトキンは、やはり地理学者であったエリゼ・ルクリュの友人である。当時彼らは二人とも政治的理由でスイスに亡命し家族と暮らしていた。この絶対自由社会主義者は兄弟＝敵である権威主義的コミュニストと同様に、ダーウィンの貢献を評価する一方、科学的を自称していても彼らの目から見たら不道徳な英語圏やドイツ語圏の社会ダーウィニズムを激しく批判する。クロポトキンやルクリュは、マルクスやエンゲルスのように社会ダーウィニズムの罠から抜け出すためにこれを非難するのではなく、ダーウィン思想の源泉に戻って生物学のなかに競争とは異なる自然の力を探し、社会進化の不完全で非建設的（と彼らには映る）な構図に均衡を取り戻させようとする。彼らはアナキズム－コミュニズムの理論家として、動物の社会も人間の社会も、社会性、献身、自己犠牲といった利他行動的な反証例で満ちていると考える。それらの事例は彼らにとって、ひとえに競争的な生のヴィジョン――〈強者の法〉――を否認するものなのである。

北極地方になじんでいるロシアの研究者は、ずいぶん以前から、われわれが競争的自然のなかだけでなく協力的自然のなかで生きていることに気がついていた。こういうことはロシア語で言われ書かれてきた。クロポトキンは自分の国の科学者たちがそういったオルタナティヴな論証をしていることを知っていた。そのなかに動物学者のカール・ケスラー〔一八一五～一八八一、ドイツ生まれのロシアの動物学者〕がいる。彼はツァーリ体制の士官としてシベリア遠征に加わったとき、冷寒地帯における動物の集団的延命戦略を観察した。トマス・ハクスリーは一八八八年に書いた『人間における生存闘争』のなかで、「ホッブズの言う万人の万人に対する闘争は生存の正常な状態である」と書いているが、クロポトキンはそれに対して「結集せよ！　助け合いを行なえ！」と応答する。クロポトキンの本は、生物学における社会的進化の構図をはじめて別の力によって補完しようとした試みであり、彼の本のタイトル『相互扶助論――進化の一要素』(91)は、はじめて社会主義とダーウィニズムを結びつけたことを示している。

クロポトキンは、ダーウィンと社会ダーウィニズムを混同せずに、この本の冒頭で次のように科学的ダーウィンを引き継ごうとしている。「ダーウィンとウォレスによって科学のなかに導入された、進化の要因としての生存闘争という考えは、われわれが広大な現象の総体を唯一の一般性のなかに包摂することを可能にした。そしてこれはわれわれの哲学的、生物学的、社会学的思索の基盤となった」。クロポトキンは、ダーウィンは競争を動物や人間の個体群の調整の唯一の要因とするのではなく、たとえば冬の寒さのような人口過密を抑制する自然的抑制について本を書く企図を持っていたと断言するなど、ダーウィンの説への自分の貢献を控え目に見積もっている。ダーウィンは競争しか眼中になかった弟子たちに裏切られたというわけである。クロポトキンによると、「ダーウィンは、動物の過剰繁殖を抑制する自然的障害について本を書こうとしていたが、これは実現しなかった」ということである。ダーウィンの最も近くにいた協力者でウォレスの友人でもあったウィリアム・ベイツは、このことをクロポトキンへの手紙のなかで次のように事実として請け合っている。「もちろんそうですよ。それが本当のダーウィンなのです。彼ら〔弟子たち〕がダーウィンにしたことはおぞましいことです。どうぞ論文を書いてください。それが印刷されるときには、あなたにそのことを伝える手紙を書くことにするので、それも一緒に公表してください」。そしてベイツは死ぬ前にその手紙を書くのだが……。

クロポトキンがやんわりと示唆するようにダーウィン思想の捏造があったのは事実だが、そうではあっても私には、ダーウィンの著作は、ダーウィン自身が生存闘争という考えをつねに推し進めたこともあって、誤解されやすいものであったと思われる。弟子たちの変質があり、ダーウィン自身が『人間の由来』のなかで〈協力〉について少しばかり語ってはいるが、彼自身〈選択〉と〈競争〉という言葉を執拗に使っていることから考えて、ダーウィンはクロポトキン流の考えとは遠かったと私には思われる。ダーウィンが生存闘争という考えに囚われたのは、それが自然のなかで最も露出的に見えることだからである。とくに彼が主要に観察した温暖な国々や熱帯地方、あるいは資源が豊かな場所では、そうである。それに対して、クロポトキンやロシアの動物学者が観察を行なった緯度の高い場所では、捕食動物にとっても餌食となる動物にとっても集団的連帯が優勢になる。なぜなら、それはとくに冬には、逃げ場が少なくなる無防備な空間だからである。

しかしながらダーウィンは、度を越した弟子たちとちがって、自然選択の概念を短期的説明――適者生存――に限定するのではなく、子孫にまで拡大している。彼は生物の進化において機能しているメカニズムについて、競争よりももっと広大なヴィジョンを抱いていた。個体の間や種の間の相互作用の複雑性を認識していたのである。しかしそれでも競争はダーウィンにとって構造化を促す要因であり、進化の別の原動力についてはあっさりと触れているだけである。したがってそれが、ダーウィンが望まなくても、生物の進化の攻撃的で部分的なイメージをもたらした。そしてそこから、社会ダーウィニズムから優生学に至るまでの誤解に基づく偏流が生じたと言えるだろう。しかしダーウィンには情状酌量の余地がある。なぜなら彼は（ウォレスとともに）かくも多様な種、かくも完全な適応がいかにして出現したかということ、そしてそれがひとえに自然の諸力によって維持されてきたということを説明した先駆者でもあるからだ。そのことの忘却はクロポトキンによって正された。クロポトキンはダーウィンほどの科学的スケールは有してはいないが、進化のもうひとつの原動力――最も建設的であると思われる相互扶助という原動力――に注目したのである。

しかしながらクロポトキンには、彼が依拠するダーウィン以外に、政治的に正しくない（ポリティカル・インコレクトネス）ためにあまり推奨できないひとりの先駆者がいた。それは一方できわめて有能でもあったエルンスト・ヘッケルである。ヘッケルはクロポトキンの『相互扶助論』の三年前に刊行された『宇宙の謎』という有名な本のなかで、競争／協力という偶力（対概念）の背後に隠されているエゴイズム／利他行動という偶力（対概念）をはっきり見定めていた。ヘッケルは次のように述べている。「人間は社会的な脊椎動物である。そして人間はすべての社会的動物と同じように、二種類の異なった責務を有している。一つ目は自分自身に対する責務、二つ目は自分の属している社会に対する責務である。一つ目の責務は自己愛（エゴイズム）の発動であり、二つ目の責務は隣人愛（利他行動）の発動である。この二つの対立する傾向は、家族や社会の維持にとって重要かつ不可欠である。エゴイズムは個人の保存を可能にし、利他行動は滅びやすい個人を結びつけて種の保存を可能にする。社会構成によって人間の結合に課される社会的責務――そのおかげで人間の結合が維持される――は、社会的本能の高度な進化形態にほかならず、それは社会的に生存するすべての高等動物において確認することができるものである(92)」。

実のところ、人間の社会的行動のなかに、目につきやすいエゴイズムや万人の万人に対する闘争を見るのではなく、相互扶助や利他行動を見ようとする哲学者たち――ダーウィン思想に影響を受けたきわめて少数派の流れ――は以前からつねに存在していた。たとえば、アシル・ローリアは一八九六年に、『社会ダーウィニズム』と題された本のなかで、必ずしもタイトルと合致しない次のようなことを述べている。「ダーウィンは彼の弟子筋の社会学者たちの誇張を共有するのではなく、人間の進歩は食料獲得のための仲間同士の闘いなくしても可能であることを、つねにはっきりと言明していた(93)」。

利他行動の生物学

相互扶助は相互闘争と同じく自然の法則である。

クロポトキン『相互扶助論』一九〇二年

クロポトキンの社会進化についての本はダーウィンの本に劣らず確固たるものであることを認識しなくてはならない。ダーウィンは地理学者でも政治活動家でもなく生物学者（しかも天才的な）であったが、社会進化について長年考え続けてはいた。クロポトキンの生物学における利他行動の擁護は事実とイデオロギーに基づいたものであったが、主要にはこの社会主義者の先験的《ア・プリオリ》な道徳観に由来する。彼の〈協同〉という考えは、生物学において一般に証明するのも受け入れるのも不可能だと考えられていた。したがって一九六〇年代まで、クロポトキン的なダーウィニズムの社会的延長はアカデミズムの世界では問題にされなかった。当時は、動物の世界における相互扶助の観察を科学的に解釈することは先入観による論点先取の虚偽と見なされていた。

個体にとって有利な行動が遺伝的に伝達されるとするなら、他者を有利にする行動が遺伝的に選択されるということは理解できなくなる。ダーウィンは『人間の由来』を書いているとき、すでにこの逆説に気づいていた。彼はこう書いている。「多くの未開人の例に見られるように、自分の仲間を裏切るよりも自分の命を犠牲にしようとする個人がいるが、そうした個人はおそらくそのような気高い性質を継承する子孫を残さないだろう」。進化の科学も遺伝の科学も、長いあいだ競争にしか注目してこなかった。つまりリチャード・ドーキンスが有名な本『利己的な遺伝子』[94]で描いたような、〈おのおのが自分のために〉という世界である。動物行動学を含む近代生物学は遺伝子の作用に依拠しており、当時オックスフォード大学の動物行動学の教授であったドーキンスはこの論理を極端に推し進めた。彼は遺伝子を寄生虫のようなものと見なし、生き物を乗り物として利用するエイリアンとして提示している。それは遺伝子の伝達は個体の延命以上に重要であること示すためのメタファーであったが、左派の遺伝学者のリチャード・C・レウォンティン〔一九二九〜二〇二一〕はこのドーキンスの本をダーウィンのカリカチュアと形容している。[95]ともあれ、ネオダーウィニズムの論理においては、自然選択（説）の優位性が遺伝子のなかに刻み込まれた適応的特徴として具体的に示される。分子生物学が進化論を刷新し強化したということだ。他者を助け他者のために自分の命を危険にさらす——それによって他者は再生産され遺伝形質を伝達していく——という協同がいかなるメリットを持っているかということである。

しかしながら自然のなかには、万人の万人に対する闘争だけでは説明することができない例が——その逆の例すら——たくさん存在する。オスは自分の属する集団を守るために死ぬことがあり、母親が子どもを守るために死ぬこともある。家族的に暮らしている多くの動物は家族を守るために自分の命を危険にさらす。そうやって彼らは彼らの親や祖先と共有している彼ら自身の遺伝子を守り、それを子孫に残していくのである。

ダーウィン的ヴィジョンを厳密に捉えると、蜜蜂や蟻といった社会性昆虫の社会を説明することはできなくなる。一匹の女王蜂から生まれる無数の子どもを育てるためにわが身を犠牲にする働き蜂に子どもができないようにすることに、どんな繁殖的利点があるのだろうか。ダーウィンは『種の起源』のなかで、生殖能力のない働き蟻において遺伝の伝達はどのようになされるのか自問している。「この事実を自然選択理論とどうやって両立させることができるだろうか」。彼は熟考したあと、「自然選択は個体だけでなく集団にも適用しうる」という解決策を提示する。その百年後、ウィリアム・D・ハミルトン〔一九三六〜二〇〇〇、イギリスの進化生物学者〕が二本の画期的な論文を公表し、そのなかで、生殖力のない動物が姉妹の子どもを育てることの遺伝的利点を単純かつ数学的手法で提示する。遺伝学者の審査員が彼の学位論文を認めず、文化至上主義的立場に立つ人類学の指導教授が利他行動の遺伝性に関心を持つことを非難したこのオックスフォードの学生はしかしながら、一九八〇年代以降、個体的選択から集団的選択への移行を可能にする社会的進化の鍵を見つけた生物学者と見なされている。女王蜂の子孫は、働き蜂である女王蜂の伯母の遺伝子の一部を受け継いでいる。こうしてこの伯母は生殖能力がなくても、遺伝子的に利点を持つことになる。家系的選択においては、伯母は自分の子どもをつくらなくても、自分の子どもたち（仮に子どもがいたとして）よりも遺伝子をより良く伝達してくれる無数の甥（子孫）を養うために自分を犠牲にすることによって、大きな選択的優位性を有しているということである。

この構図はより近くから見るとさらに素晴らしい。蜜蜂、雀蜂、蟻、白蟻といった社会性昆虫は、動物界においてユニークな存在である。というのは、オスが染色体を一組しか引き継がないからである。不妊の働き蜂が育てる幼虫は彼女らの妹であるだけでなく、彼らの妹以上の存在でもある。なぜなら、その血縁係数は〔通常の親子・姉妹の〕二分の一より大きい四分の三だからである。ダーウィンにとって謎であったこのような社会性昆虫の極端な例が、ハミルトンの利他行動（もしくは血縁選択）の遺伝理論の確立、さらにはダーウィニズムの思いがけないけれども必然的な発展へと変容した。

　子どもを守りながら遺伝形質を守るという血縁選択のケースはいかなる種においても見られる。子どもは遺伝子の半分を担っているので、親が子どものために自分を犠牲にすることは利点があるからである。これは利他行動が利己主義的な基盤を持っていることを典型的に示すものである。要するに、この不可思議な損得勘定が五十年このかた、社会性昆虫の出現を説明する唯一の方法であった。そしてそれが利他行動の生物学の基盤を構成している。あらゆる科学革命に見られるように、過去の例外は新たなパラダイムの証拠に変容する。この相互扶助の遺伝学は、その時まで——そして今なお——議論になっている社会性（あるいは社会的本能）の起源は何かという問題を解明することを可能にした。ダーウィンは〔利他行動という〕この道徳的な系譜の原理をすでに、超自然的説明なしで——したがって遺伝的基盤を持った自己犠牲という説明につながるやり方で——提起していたのである。ダーウィンの時代から百年後、利他行動の生物学について研究する幾十ものチームが世界中に登場し、さまざまな異なったタイプの利他行動が論じられており、ことは複雑な様相を呈しているが、われわれはそこには踏み込まない。ともあれ、逆説的にも政治的・道徳的前提から出発して相互扶助という解決策を見つけだし、ダーウィンが垣間見た血縁選択への道を切り開いたのはクロポトキンである。一見不利な形質の遺伝というこの逆説は、やがてハミルトンがそれを量化して科学的に実証することになったのである。

クロポトキンの『相互扶助論』は『種の起源』と比べると表層的な研究であるが、基本思想はおそらくもっと革命的であり、いずれにしろこの二つの本は相互補完的である。クロポトキンの本は第二の進化的力の付加と新たな間接遺伝的過程によってダーウィンの本の続きをなす。もちろんクロポトキンは選択のメカニズムを十分には論じておらず、それを理解するにはハミルトンを待たねばならなかった。さらに、クロポトキンは競争——とくに同種内の——を過小評価するが、それは自然のなかで共通して見られる現象である。この弱点はおそらくルイセンコとローレンツが表明したのと同じ先験的《ア・プリオリ》なイデオロギーによるものであろう。すなわちこの二人は、一方はコミュニスト的、他方は人間中心主義的な原理を擁護するために、同一種内の競争を拒否したということである。

クロポトキンはまた、その進歩主義的楽観主義において、当時彼に反対していた自由主義者ポール・ロバン(96)よりも素朴な科学主義者でもあったと思われる。このネオマルサス主義者は、人類の未来は世界人口の増加と農業生産の低下によって複雑化することを理解していた。クロポトキンと彼の友人エリゼ・ルクリュは欠乏と分配の問題が到来するとは思っていなかった。というのは、彼らは今よりも人口も搾取も少ない自然のなかで暮らす高邁な学者であり活動家だったからである。彼らは農学や発展途上の工業にのめり込み、善良な社会主義者として、富をよりよく配分することによって世界を変えることができると考えていた。しかしクロポトキンがダーウィンやハミルトンよりも専門知に劣っているとしても——生物学者はではなかったがゆえに——、またポール・ロバンよりも明晰ではなかったとしても、彼はそれまで一見対立的であった社会主義とダーウィニズムをはじめて両立させた人物として特筆に値する。しかしそうした彼のメッセージは、彼が信奉していた絶対自由主義コミュニズムの主張とともに忘却されている。

やっかいなのは、クロポトキンが社会主義者や教養人たちのあいだで、ひとえにアナキズムの理論家として記憶されていることである。しかし進化の法則への彼の決定的な貢献は、彼が左翼の人間としては例外的に生存闘争や行動の遺伝性を否定することなく、競争を補完する第二の力、生物の世界や人間の世界の社会性の進化を説明することができる第二の力を、自然のなかに追い求めて見つけたことではなかっただろうか。

先天性か後天性か？

私はゴルトンと同じ意見に傾いている。つまり教育と環境は精神にほとんど影響を与えず、われわれの性質はほとんどが生まれつきであるということだ。

チャールズ・ダーウィン『自伝』一八七七年

〔神による〕創造論者はしばしば不誠実なやり方をする。彼らはダーウィニズムと社会ダーウィニズムを意図的に混同し、ダーウィン思想が資本主義とナチズムの基盤にあると思わせるためにダーウィンを文脈から切り離して引用するのである。しかしわれわれはここで、それよりももっと見えにくいイデオロギー的固定化に焦点をあてることにする。それは多くの左翼そして／あるいはヒューマニズムに立つ人々がダーウィニズムを受け入れることを妨げ、ダーウィニズムと社会ダーウィニズムを混同するように導くものであった。このことがなければ社会主義はダーウィニズムと切り離されることはなかっただろう。そしてそうすれば――マルクスとエンゲルスの妨害のあとそうはならかったのだが――別の展開がなされていただろう。どうしてそうなったのか。行動の遺伝学が生物学のあらゆる概論のなかで言及されているにもかかわらず、それが当時タブー視されていたからである。形態的特徴の遺伝性は誰も否定しない。しかしわれわれの社会的行動の遺伝性は人間の自由と両立しないように思われる。行動におけるいくらかの特徴の遺伝性はずいぶん前から証明されてはいるが、それは自由意志と対立するものであり、生物学的決定論と社会的予定説に一直線につながる装置を始動させるものと考えられている。生まれつきの衝動が教育を阻害するなら、共産主義であれ資本主義であれ、どうやって新しい人間をつくることができるだろうか？　それならば、いっさいの人間本性を否定して、ソ連でそれが悲惨な失敗に終わったとはいえ、社会的行動を思ったように造形できると信じる方が都合がいい。ここにはルイセンコ主義に行き着いた意味論的・概念論的な罠があるが、戯画とばかり笑ってもいられない。というのは、ルイセンコ主義のオルタナティヴが存続し続けているからである。

この昔からのジレンマは先天性と後天性を対置し、この二つの選択肢のどちらかを選ぶ必要がありそれは可能であるかのように展開されてきた。ところが二十世紀の半ばの動物行動学の議論によって、この二つの行動傾向は密接不可分に結びついていて、現実はつねにこの二つのもののあいだにあることが証明された。人間を含むいかなる種も、一つの要素しか有していないものはないということだ。そしてこの行動科学における歴史的議論は、われわれが単純で誤っている二分法的選択から、エドガール・モランが複雑思考と呼ぶものへと移行することを可能にした。この社会学者は一九七三年、『失われた範列――人間の自然性』[97]のなかで次のように言明している。「自然と文化を切り離すことをやめなくてはならない。文化の鍵はわれわれの自然性のなかにあり、われわれの自然性の鍵は文化のなかにある」。当時モランはフランスにおいて社会科学における反主流派であった。彼は「第二次大戦後支配的潮流であった「すべてを環境に還元する」と「すべてを文化に還元する」という〔二分法的〕ヴィジョン[98]」は乗り越えられたと主張する行動生物学者に近い立場をとっていた。

近代遺伝学はその始まりのときに比べてはるかに図式的ではなくなっている。当初遺伝学は形質＝遺伝子＝タンパク質という図式に要約されるもので、エルンスト・マイアはこれを「いんげん豆の嚢の遺伝学」と名付けた。その後、遺伝子は独立した単体ではなく、ロシアの大遺伝子学者セルゲイ・チェトヴェリコフが発見したような相互に作用を及ぼしあうものであることが確証された。人間は予期に反して被造物の王として最も多くの遺伝子を含む種ではない。線虫あるいは植物でも米などは、もっと多くのゲノムを含んでいるのである。もうひとつ当惑させる発見がある。すなわち、チンパンジーのゲノムと人間のゲノムとの違いは驚くほど小さいということだ。さらに、いまでは誰でも知っているDNAは、最近まで自明と思われていたこととはちがって、遺伝の唯一の支柱ではない。染色質《クロマチン》のような別の細胞もそういう役割を果たすのである。このことは、遺伝子はDNAの切片ではない、という遺伝子の定義の問題を新たに突きつけることになった。フランスの遺伝学者ジャン・ドイチュは、ダーウィンが提起していた「汎生説《パンゲネシス》」という言葉を再利用して、この広汎性遺伝を説明している。(99)

遺伝子は一九三〇年以来信じられていたように、もはや遺伝形質を厳密にコード化するタンパク質ではないことになり、遺伝性は誕生の時点にとどまるものではなくなる。ノーベル賞を受賞したジャック・モノーとフランソワ・ジャコブが証明したように、遺伝性は個人の発達をコントロールする。(100)DNAの二パーセントだけがコード化に関与するとされていたが、誤ってノンコーディングDNA（非コード遺伝子）と呼ばれていたものが、実際には遺伝子の発現を構造的に制御する。かつての単純な機械論的遺伝学の背後から、調整性や妨害性を有する遺伝子を伴った複雑な機械装置が姿を現わす。遺伝子による生まれつきの特徴はそうした装置の統制下にあり、環境条件や環境への従属度合いに応じてしか表出されないということである。双子は同一ではなく、神経細胞《ニューロン》と白血球と同じくらい異なる二つの細胞が同じ遺伝情報を有しているということが、これで説明できる。非遺伝子的情報の伝達は、カナダのマギル大学のマイケル・ミーニーと同僚たちの行なった興味深い実験で証明された。つまり配慮のきく母ネズミに育てられた子ネズミは穏やかな親になり、ストレスの多い母ネズミに育てられた子ネズミは神経質でいい加減な親になるというものだが、そこで作動しているのは遺伝のメカニズムではなく、母親のホルモン――コルチゾール――の作用が子どもの制御遺伝子に影響していることを証明するものとされる。(101)

かくして後成説は先天性か後天性かという従来の概念的罠から脱却することを可能にする。なぜなら新たな遺伝科学は環境と個人史の遺伝の発現への影響を考慮に入れるようになるからである。したがって今日、ラマルクの言う環境の影響は部分的に復権されている。ただしそれは分子遺伝学という別領域のネオダーウィニズム的アプローチのなかに組み込まれている。ノンコーディングDNAと言われるものはダーウィン的な見方に適ったものになる。なぜなら種における一見理由のないこの変異能力の維持は種の未来を保証するものだからである。今日農学者は従来の変種のなかに、かつて短期的視点から排除したものを、予期せざる侵略に抵抗するために有益なものとして探究している。

先天性と後天性（あるいは自然と文化）の分離はものを考えることを学ぶうえでは実用的であったが、この学校的レトリックは時代遅れになった。そうした考えは、種によって比率は異なるが、密接に結びついているこの二つのカテゴリーに同時に関わっている動物や人間の現実世界には存在しない観念の世界にすぎない。昆虫はとくに先天的なものを包含し、後天的なものは少ない。人間は本能的なものを持ち続けている（たとえば赤ん坊は習わなくても生まれたときから乳を吸う）が、とくに後天的なものをたくさん包含している。要するに、われわれはつねにわれわれのユダヤ－キリスト教文明を構造化する廃れた識別に則って思考しているということだ。たとえば魂／身体、物質／精神、人間／自然、先天性／後天性、といった二分法的思考。この古典的二元論は大変便利である。なぜならそれはわれわれの脳の構造にマッチしているからである。しかしそれは教育的道具にすぎない。レイモンド・コーベイ〔一九五四年生、ライデン大学哲学・人類学教授〕はいみじくも「文化は自然的か？」と題された討論会を次のように締め括っている。「動物／人間、未開人／文明人、古代人／近代人といった二分法への配慮、そしてそれがもたらす科学的立場は、たいへん意味深長である……ヴィクトル・ストコフスキ〔一九五九年生、コレージュ・ド・フランス人類学研究所の研究員〕は、そうした二分法が古代から今日まで、文化の解釈をいかに規定してきたかを論証している」[102]。

こうした対置はフランスの文化人類学者フィリップ・デスコラが証明しているように[103]、西洋文化特有の非現実的なものであることを、われわれはとくに動物行動学を通して知っている。哲学における自然主義は、人文科学で観察された諸現象を理解するために生命科学に手がかりを求めようとする。それは自らに固有の方法を使うこともあるが、社会現象の一部を生物学的現象によって説明したりするものである。ダーウィニズムは自然と文化を「連続的」に捉えるこうしたアプローチの大きな構成要素である。このアプローチはますます豊かな恵みをもたらしているが、他方でつねに論争的テーマでもあり続けている[104]。

自然と文化の対置は「創世記」に最初の萌芽が現れる。すなわち動物が第一のカテゴリーで、人間は第二のカテゴリーであるということだ。なぜなら人間は神によって（神に似せて）最後につくられたものだからである。ところが人間の固有性は行動科学の発展とともに毎年縮小の一途をたどっている。今日、デカルトの〈動物機械論〉を擁護する者は誰もいないだろう。動物には感覚も思考もないと主張する者はいないだろう。ここにおける争点はひとえに宗教的なものであった。なぜなら、もし動物が理性や意識、つまり精神を有していたら、動物は魂をも有していることになり、それはわれわれ人間のための天国の扉が動物にも開かれるということになるからである。神の王国に犬や猫を受け入れるのなら、牡蠣《カキ》やミミズや海綿動物だって受け入れ可能になる、とデカルトは論じている。

西洋はこうした昔からの伝統を引き継いで、文化をわれわれ人間の特性と見なしてきた。一九五〇年代に、今西錦司と弟子たちが他の霊長類にも文化的行動が見られることを説明するまで[105]それは続いた。動物界のいたるところに存在するのに不可視であったものがどうやって見えるようになったのだろう。それは簡単な話で、アニミズム宗教の神道由来の日本の哲学は人間を自然のなかに包含するものであり、三つの一神教とはちがって、われわれ人間を動物から分離しないからである。食べ物を洗う日本ザルから胡桃を割るチンパンジーに至るまで、すべての哺乳類に原初的文化が存在していることが、今日科学的に認められている。同様に、今日、程度の差こそあれ動物に知性があることを否定することはできない。蜜蜂の抽出行為、多くの種における道具の使用など、動物が複雑な認識をする事例はあまた存在する。フランス・ド・ヴァール〔一九四八年生、オランダ生まれのアメリカの動物行動学者〕によると、猿には道徳や政治の基礎すら存在する。[106]

最後に言葉の問題が残る。というのは、人間が抜きんでて高度なコミュニケーションシステムを有していることを疑う者は一人もいないからである。しかしチンパンジーは聾唖者的な身ぶりによって言葉を習得することができるし、オウムやキュウカンチョウは意味の通じる文をいくらか発声することができる。コミュニケーションの領域についてはいくらか留保があるが、動物と人間のあいだには程度の差はあっても自然本性の差はないということである。これは百五十年前にダーウィンが言明していたことでもある。さらに言うなら、チンパンジーは遺伝子的に一パーセントほどしか人間と変わりはない。そしてこの両者はゴリラと二、三パーセントしか変わらない。類人猿がヨーロッパで知られるようになったのはようやく十五世紀のことである。人間（理性を備えた！）を動物（本能で生きる！）との対置で定義したギリシャ人は、人間と非‐人間とのあいだにあるこの種を知らなかったのである。

ともあれ、この一パーセント（のちがい）のなかにわれわれ人間種の特性が存在するのであるが、このパーセントがわれわれの大きさあるいは小ささの証拠であると決めることは一つの価値判断であり、科学では解けないことである。

フランス・ド・ヴァールは二十年ほど前から、霊長類学者かつ心理学者という自らの混成的な立ち位置をいかして、生物学と哲学の結びつきを国際レベルで知らしめた。しかしすでに見てきたように、動物行動学はコンラート・ローレンツ（あるいはロバート・アードレーのようなジャーナリスト）によって通俗化されてきた。それゆえ人間本性の生物学的基盤についてのこの通俗的ヴィジョンによって、素朴なペシミズムの時代に生きていることも手伝って、教養人は人間と他の種との密接な関係、両者の結びつきを拒否してしまったのである。他方、新世界〔アメリカ〕の著作家たち、とくに倫理学者たちのなかには、神聖化・脱肉体化され、デカルト主義者（われわれはまだデカルト主義者である！）によって強化されたこの西洋の文化的ドグマを再審に付そうとする者がいる。フランスにおいても、動物性がわれわれのアイデンティティを規定し人間とは何かを定義するとして、人間と動物のあいだの溝をなんとか埋めようとする著作家がいる(107)。

フランス・ド・ヴァールは、われわれと猿との密接な類縁関係の哲学的帰結に正面からアプローチする。彼の諸著作は聖画像破壊的な思考へわれわれを導き、二千年来続いているわれわれの人間中心的視点を転覆させる。彼はとくに、道徳を初めから悪と見なされた人間本性を覆う巧妙なカバーと捉えるベニヤ説〔ホッブズの人間道徳観を形容するド・ヴァールの造語〕を批判する。彼はわれわれがどのようにして弱者を引き受ける動物の長い歴史的進化から生まれたかを説明する。これは協力と共感の関係を打ち立てる歴史であり、クロポトキンが明らかにした相互扶助である。そしてその遺伝的基盤は最近、社会性哺乳類のあいだでも確認されている。この生まれつきの能力は、文化の力が強い存在においても自由意志と共存しながら、人間と生き物の世界とを融和させるのである。

遺伝子の作用と環境の作用のどちらかを選ぶようにわれわれを促すジレンマは、大きな哲学的・政治的結果を引き起こす。それに関連して、もちろんジェンダー理論について大いに語ることもできるが、ここでは一歩後ろに引いて、二〇〇七年の大統領選挙前にニコラ・サルコジ〔のちにフランスの大統領（二〇〇七〜二〇一二）〕とミシェル・オンフレ〔一九五九年生、フランスの哲学者。多作のベストセラー著述家として知られる〕とのあいだで行なわれた論争を見てみよう[108]。サルコジは犯罪者は子どものときから見つけることができるとする。これはもちろん無邪気で抑圧的な考えである。しかし驚いたのは、教養豊かなオンフレが人間における遺伝子の作用を否定したことである。彼は言う。「われわれは遺伝子によってではなく、環境によって、家族的条件や社会史的条件によって、形成され進化すると私は考えている」。つまり、著名な反順応主義者――しかも抜きんでて知的でもある――すらも、ダウン症候群を考えてみただけでも反駁せざるをえない陳腐な考えを抱いているのであり、しかもほとんどの知識人がこれを批判的検証なしに認めているのである。

こうした誤った議論の事例は数え切れないくらいあるが、もうひとつアンドレ・ピショの例を引いておこう。ピショは『ダーウィニズム、利他行動、戯言』という題名の公開書簡[109]で遺伝学について次のように結論している。「信用が失墜した分野を再興しなくてはならないだろうか。利他行動の遺伝性や好意の生物学は犯罪の染色体や同性愛の遺伝子よりも受容されるだろうか。前者は後者よりも政治的には正しい（ポリティカル・コレクトネス）だろうが、後者に劣らず愚かであり科学的でもない。なぜなら、遺伝学においてこれまでわかったところでは、遺伝はせいぜいタンパク質の構造にとどまるからである」。遺伝子概念の専門家によって書かれ信頼できる新聞〔ル・モンド〕に公表された、このような虚偽に満ちあふれた（遺伝はもちろんタンパク質の構造にとどまるのではない！）遺伝学のカリカチュアを見ると、ルイセンコ（主義）の時代に戻ったかと思わせられる。行動の遺伝学はフランスでは異臭を発し続けている。正統派左翼の思想は二つの拒否に導かれて袋小路に陥っている。一つめはわれわれの行動において生まれつきのものはいっさい存在しないという考え。先天性を受け入れたら低俗な動物的本能に扉を開くことになり、それは人間性や自由を口にすることを妨げる、ということだ。二つめは、裏切り者あるいはお人好しのクロポトキンは道を誤って、左翼の思想と相容れない立場をとったという考え。こうした立場は生物学的人間決定論に、つまりファシズムに、セクシズムに、レイシズムに、ナチズムに、資本主義に直結するというわけである。

アメリカの著名な言語学者ノーム・チョムスキーは、言語を文化の拠点として立論する考えをひっくり返して生成文法というテーゼを主張する。それによると、人間において統辞《シンタックス》の規則は生まれつきのもので、語彙《ボキャブラリー》だけが学習されるものである。この有名なアナキストは正真正銘の反順応主義者として、人間本性が先天的基盤を有していなかったら、全体主義への扉が開かれることになると考える。「もし人間が本質的に生物学的性質を欠いた、どうとでも造形可能な存在であるなら、人間は権威主義の信奉者にとって、啓蒙的な専門家や指導者の権力の信奉者にとって、理想的な獲物になるのではないだろうか[110]」。

科学戦争においては当然のことだが、人文科学の研究者も、ますます野蛮な浸食を行なう生命科学に抗しておのれの分野を擁護しようとすることは理解できる。とくにコンラート・ローレンツやエドワード・ウィルソンの浸食ぶりは顕著である。また左翼の思想家たちが、ダーウィンの革命的発見から生じたあらゆる偏流のあとで生じた、自分たちのあまり知らないこの全体主義の悪臭を放つ浸食された領域を避けようとしたことも理解できる。しかし、誰もが世界（の成り立ち）を説明するために進化論からの取り分を持っていることは認めなくてはなるまい。そうであるがゆえに、われわれが見てきたように進化論は、資本主義（スペンサー）、優生学（ゴルトン）、精神分析（フロイト）、マルクス主義（マルクス゠エンゲルス）、アナキズム（クロポトキン）、唯物論（ヘッケル）、ナチズム（ゴンプロヴィチ）などと結びついてきたのである。また、そうした領域よりも議論は低調であったが、医学、生態学《エコロジー》、心理学、農学なども進化論と結びついていると言わねばならない。

こうしたあらゆる領域に及ぶ反響と高まり続ける関心は、ダーウィンの見方の正しさと、彼が触発した議論が生物学の枠組みから大きくはみでるものであることを証明している。進化論は百五十年にわたって宗教信者のみならず無神論者のあいだでも問題になり続けた。近代思想のなかで進化論が避けて通れない問題になったのは、それが流行現象でもなければ権威の拠り所でもなく、また自然崇拝でもなかったからである。それは進化論が生き物の世界の唯一ありうる説明にほかならなかったからである。進化論は人文科学の研究者がよくそう思うのとちがって、単にイデオロギーではない。それはカント的な意味における操作的・予測的な価値をともなった概念として捉えなくてはならない。われわれの世界観と科学的知識とを結び合わせること拒否して現実逃避するのではなく、クロポトキンのように現実に立ち向かい、ダーウィンの思想を延長してより広大な統合のなかに組み入れる方が好ましいのではないだろうか。

思想の歴史はこの「アナキズムのプリンス」に正当性を与えつつある。宗教的あるいは政治的な原理主義は除いて、歴史はすでにダーウィンに正当性を与え、至るところでダーウィン生誕二百年の行事が行なわれた。ダーウィンは、彼の仕掛けた時限爆弾の社会的結果を拒否するためにでっち上げられた反動的イメージとはほど遠い人物である。ダーウィンは彼の生きた時代の制約を反映していることがまれにあるにはあるが、自己分析を行なっていたにもかかわらずセクシストで科学偏重主義であったフロイトよりもはるかに時代の制約から免れている。時代の産物という有無を言わせぬ論証をダーウィンに当てはめるのは安直に過ぎると思われる。彼の言葉を文脈から切り離して追いつめるのもよろしくない。実際には、ダーウィンはヴィクトリア朝におけるレイシスト的・セクシスト的な世論にきわめて批判的であった。しかし、とくにナチスの行なった電撃的蛮行のあとレイシズムが法的に禁じられている現代にあって、劣等人種とかニグロといった〔当時使われていた〕言葉を使う人は当然のごとく批判に値するが、これらの言葉は当時、今日使われているブラックという言葉と変わりのないニュアンスで使われていたことに思い至らなくてはならない。自分自身ユダヤ人であったマルクスは当時 *youpin*〔ユダヤ人を指す蔑称〕という言葉を使っていた。一八六二年七月三十日のエンゲルス宛ての手紙のなかで、マルクスは共通の友人フェルディナント・ラッサールを小ユダヤ人と呼び、その人相分析を行なっている。「彼〔ラッサール〕がエジプトでモーセに合流したニグロの末裔であることは、彼の顔や髪の生えぐあいからして明々白々である。おそらく彼の母親か祖母がニグロの男と関係を持ったのであろう」。ダーウィンの鼻を小さすぎると見たビーグル号の艦長ロバート・フィッツロイと同様に、マルクスは『デイリー・テレグラフ（*Daily Telegraph*）』〔一八五五年創刊のイギリスの新聞〕の編集長の鼻を大きすぎると見た。「レヴィーの大きな鼻のつくりは腐臭をかぐためにある……」[111]。言葉は時代によってニュアンスが変わる。エンマ・ダーウィンは夫を「いとしい〈ニグロ〉」[112]とあだ名で呼んでいた。というのは、彼女は若きダーウィンが結婚のメリットとデメリットを天秤にかけ、シエークスピア的ユーモアでもって「結婚すべきか否か、それが問題だ」というタイトルをつけたメモを知っていたからである。ダーウィンはそのなかで、結婚することによって「黒人よりもいじめられる」奴隷になることへの恐れを表明していたが、「幸せな奴隷も存在するかもしれない」と締め括っていた。

しかしながらダーウィンは、彼の無条件の支持者がいるとはいえ、イギリスが最も文明化された民族であり、女性は男性よりも劣ると見なす傾向を有していたことは否めない。「両性の知的能力の主要な区別をなすのは、男性は自分が企てたことをある地点まで達成することができるが、女性はその企てが何であれ男性ほどには達成することができないということである。また深い思想、理性、想像力、あるいは単に五感や手の使い方においても女性は男性に及ばない……」。これは現代のフェミニズムから見ると噴飯ものである。しかしこれはある程度大目に見なくてはならないことでもある。というのは、ダーウィンは他方で、女性に対して共感力や利他行動における圧倒的な優位性を認めているからである。彼は『人間の由来』のなかに次のように書いている。「女性は精神的性向において男性と異なる。とくに男性よりも愛情が深く、利己主義的ではない。〔…〕女性は母性本能によって、子どもに対してこうした美質を高度に発揮する。したがって女性は当然にも、同類たる人間に対してもこうした美質を発揮する。男性は他の男性をライバルと見なす。男性は競争に喜びを見いだし、それが野心に通じ、さらに容易にエゴイズムに移行する」。この学者は有名になってからも『自伝』のなかで妻を称賛し、次のように書いている。「私は自分が得た幸運に感謝している。すべての精神的性質において私よりもはるかに優れている女性が私の妻になることに同意してくれたという幸運である」。

一歩引いて全体を眺めてみると、ダーウィンを誹謗する者たちが主張することとは逆に、彼は驚くべき知的大胆さと慎重さの混成体である。このバランスのよさが、彼の熱狂的な弟子たち（ダーウィンを自分たちの競争主義的で怪しげな大義に結びつけようとした者たち）に巻き込まれることを阻止したのではないかと思われる。しかしまたそのバランス感覚が、白人が万物の頂点に位置することが当然と考えられていた植民地主義時代において、自分の発見が人間社会に及ぼす最終的結果を引き受けざるをえなくさせたのではないだろうか。ダーウィンはわれわれ人間種に多大の影響を及ぼす生物学の新たな領域を創造しながらも、人間の不平等に関して安易な一般的結論を引き出すことはしなかった。逆に彼は、われわれ人間の動物的本性を否定することもしなかった。ほとんどの教養人は人間中心主義《ヒューマニズム》を擁護してこの人間本性の動物性の前で立ち往生しているのだが、問題はこれを否定することではなく、人間の動物性という概念の拡張なのである。ダーウィンは、過去ならびに現在の彼の批判者とはちがって、科学的事実とそこから引き出される精神的価値とを混同しない。これは動物のなかに精神的な自然的基盤を求めようとすることに通じる。要するに、ダーウィンの私的メモ類を読み、よく知られた彼の人生と著作を今日のコンテクストに重ねてみると、彼は大筋で正しいと私には思われるのである。しかしながらわれわれ現代人が、ダーウィンが（彼らしい配慮でもって）人々にショックを与えないようにあまり深くは論じなかった人間の行動の根源の分析において彼に追いつくためには、まだ長い道のりを要するのではないかと私には思われる。一方で生物学者がダーウィニズムはいかなる哲学的射程も有していないと主張し、他方人文科学の研究者がピショのように、逆にダーウィニズムは科学を擬装したイデオロギーであると考えることを可能にするのは、まさに科学的事実と価値の混同にほかならないのである。

社会生物学という爆弾

現在、社会生物学をこきおろす風潮が広がっている。それはなぜかと言うと、社会生物学のリーダーのなかにメディアで不器用な表現をする者がいるのと、社会生物学が当初から遺伝子に焦点を合わせすぎたからである。しかしながら社会生物学を批判する多くの者は、社会生物学が単に人間だけでなくすべての社会的生物に関心を持つものであること、そして遺伝を中心とした未来展望が動物の社会性についての最初のまともな説明原理を打ち立てることを可能にしたことを忘れる傾向がある。

クリスチーヌ・クラヴィアン『ダーウィンの世界（*Les Mondes darwiniens*）』二〇〇九年

『種の起源』をめぐる論争は、一九七五年に刊行された動物社会の進化についての知識の素晴らしい集大成[113]を契機に、繰り返し行なわれるようになる。当時、従来の動物行動学と遺伝学との出会いが行動の科学を革命的に変化させ、アメリカ合衆国で社会的行動への遺伝子の影響という衝撃的なテーマについていくつかの著作が刊行された。しかしそれらが一般読者の関心を引くことはなかった。エドワード・ウィルソン[114]はダーウィンとはちがって、自分の本を限られた専門サークルから外にもちだして話題にさせようと、あえて意識的な行動をとった。そしてこれが知能指数の遺伝性についての熱い議論を引き起こした。このハーヴァード大学の有名教授は七百ページにのぼる堂々たる本の最初と最後で、自分の同僚たちに対して決然たる攻撃を行なっている。彼は人文科学の終焉を予告し、これを生命科学で置き換えようとする。さらに動物行動学を神経生物学で置き換えようとする。それは動物行動学の再発進にすぎないのに、彼は社会生物学という新科学を創造したと主張する。そして社会生物学とは「あらゆる社会的行動の生物学的基盤を体系的に研究する」ものだと言う。ウィルソンにとって、文化的能力は本能と対立するものではない。なぜなら文化的能力はすべての種――とりわけ人間種――のなかにプログラム化されているものであり、生まれつきの衝動よりも優勢であるからだと言う。これはすでにローレンツがアルノルト・ゲーレン〔一九〇四～一九七六、ドイツの哲学者・社会学者〕の哲学的人類学から着想して主張していたことである。それは一言で言うと「人間は生まれつき文化的存在である」ということだ。

マーガレット・ミード〔一九〇一〜一九七八、アメリカの文化人類学者〕の系譜につらなるアメリカの文化主義[115]は、行動学への生物学の闖入を許容することができなかった。なぜなら文化主義はつねに極端な環境主義を推し進め、人間相互の違いを説明するにあたって遺伝の影響はほとんどあるいはまったくないとしていたからである。したがって北アメリカの極左的な科学者たち[116]はウィルソンの挑発にただちに応答し、この新たな分野は社会的抑圧システムを正当化するものだと反論した。激烈な批判がすべての大新聞の科学欄や一般紙面に出現し、一九七五年三月二十八日の『ニューヨークタイムズ』の一面には次のような文章が見られる。「社会生物学は、人々の他者への行動の大半は、手の構造や脳の大きさと同じように進化の産物であるという革命的な内容を包含している」。また一九七六年十二月十三日の『タイムズ』〔イギリス最古の新聞〕には「全てを超える遺伝子[117]」という見出しが踊り、アメリカの共産主義労働党の機関紙『ピープルズ・トリビューン（*People's Tribune*）』には、「社会生物学はファシズム理論である」という見出しが掲載されている。ウィルソンは、「先天性と後天性の争いを超えて」と銘打たれたアメリカ科学振興協会の会議で発言しようとしたとき、反レイシズム国際委員会（ＩＣＡＲ）の十五人のメンバーに襲われる。彼らはウィルソンの頭にバケツの水をぶっかけ、彼の目の前にプラカードを突き出したが、そこには「今年ナンバーワンのファシスト・レイシスト学者」と書かれていた。著名な人類学者マーシャル・サーリンズはウィルソンに対する批判的総論を公表し[118]、ウィルソンはそれに対して自著『人間の本性について[119]』のなかで反論する。この本の最終章は「人間——社会生物学から社会学へ」と題されている。

フランスはこうした論争[120]の反響を察知することができず、公的議論はほぼイデオロギーの問題にとどまった。それは社会生物学を標榜したのが右派勢力で、左翼はまたしても科学的議論は社会的にそれほど重要ではないという態度をとったからである。この魔女狩りにも似た不幸な展開から四十年たった今、この優れた——しかし名声を求める野心家でもあった——研究者のコミュニケーション戦略としての科学戦争宣言は改めて捉え直してみる価値があるだろう。なぜならエドワード・ウィルソンはありきたりの学者ではないからである。彼は蟻の研究の第一人者であったばかりでなく、二つの対照的運命をたどった言葉を広めた人物でもある。すなわち、以後タブー視されることになった社会生物学と、それよりも論争を引き起こさなかった行動の生態学ならびに生物多様性という言葉である。生物多様性という言葉はエコシステムという言葉と同様に流行語となり、いまや無分別に使用されていることは周知のところであろう。ともあれ、本を売るための彼の挑発的行為が、生物学的決定論の反対者の標的になったのである。というのは、ウィルソンは社会行動の遺伝学者として必ずしもそれほどラディカルな学者とは言えないからである。たとえばリチャード・D・アレクサンダー〔一九二五~二〇一八、アメリカの動物学者〕は当時の科学雑誌のなかで、動物においても人間においても違反行為が遺伝子的に伝達されるという社会生物学的理論を発表しているが、ウィルソンは、遺伝は個人差の一〇パーセントくらいしか説明することはできないと考えていた。

　私が思うに、この新科学は社会行動の近代的生物学以外のなにものでもない。つまり以前のように、個体的行動に限定するのではなく、生態学《エコロジー》や遺伝学の所産を取り込んだ動物行動学である。それは言ってみれば、ダーウィン革命の動物行動への適用であり、これは生物学の全領域において起きたことである。社会生物学には行き過ぎもあっただろうが（今もあるかもしれないが）、この〈新科学〉はわれわれすべてにとって関わりがあるために混乱を引き起こすのである。ダーウィンが主著の刊行にあたってスキャンダルの恩恵に浴した（心ならずもではあるが）のに対して、ウィルソンのメディア戦略は社会的意識の強い知識人にとって爆弾となった。近代生物学の発展について無知なヒューマニストたちが口を開いたのである。とくにフランス語圏においては事実よりも思想が先走り、なんの結論も出なかった。ローザンヌ大学の哲学教授クリスチーヌ・クラヴィアンはこの事態を次のように要約している。「全般的に言うと、社会生物学は重要な理論的前進を引き起こした［…］。論争を避けるために今や誰もこの肩書きを使おうとしないが、間違ってはいけない。動物や人間の社会的行動の研究はきわめて活発で豊かで創造性に富んだ研究領域であり、その説明様態は絶えず精緻化され続けている。今日、社会生物学によって扱われた問題は、より一般的に「行動の生態学《エコロジー》」とか「（動物）集団生物学」とか「進化心理学」とか「（人間）進化人類学」といった旗印の下で展開され教育されている」[121]。

　非生物学者（とくにフランスの）が足を引き摺りぶつくさ言いながらダーウィンの勝利の影響を受け始めている。なぜなら彼らはこれに反論するための科学的議論を持ちあわせていないにもかかわらず、ダーウィニズムを彼らの社会的・政治的参加に対立するものと見なしてきたからである。ダーウィニズムを復権するための闘いは生命科学においては終焉している。生命科学においては（人間を含む）行動における遺伝の役割はずっと以前から認められているのだ。しかしこの闘いは人文科学においては続行している。人文科学はこうした科学的前進を人文科学への闖入と見なし、生物学主義の乱用に反対する世論を盛り上げようとした。そのため、社会生物学にレイシズム、セクシズム、ファシズムというレッテルを貼って攻撃することになったのである。しかしながら、そもそもマルクスが、『一八四四年の草稿〔経済学・哲学草稿〕』（アルチュセールが指摘した認識論的切断以前）のなかで、過激な社会生物学者でも言わないようなことを主張しているのである。「自然科学は人間科学の基盤となるだろう〔…〕。歴史自体が自然史の現実的な一部なのであり、自然から人間への変化の一部なのである。自然科学はやがて人間科学を包摂し、人間科学も自然科学を包摂することになるだろう。そうやって科学は一つしかないことになるだろう」。

　しかしながら社会生物学は英語圏諸国において、より穏健なダーウィニズムの旗印の下に居場所を見つけた。二〇一三年二月二十八日、ウィルソンの主要な反論者で文化人類学者のマーシャル・サーリンズは、アメリカ科学アカデミーの会員を辞任した。理由は、彼よりも著名な人類学者で生物人類学者として敵側に所属しているナポレオン・シャグノン〔一九三八〜二〇一九、アメリカの人類学者〕が、民族学者として社会生物学的テーゼを支持して会員に選ばれたからである。これは、仏語圏諸国には洞察力があり、英語圏諸国では議論が遅れているということなのであろうか。文化人類学の研究者でジャーナリストでもある人物がそう示唆している。[122] しかしそうではあるまい。私の見るところでは、とくに左翼の教養階層はヒューマニズムと啓蒙の時代の伝統的諸価値を守ろうとして隘路に陥ったのではないかということである。社会生物学についてのこの論争はダーウィニズムについての議論の繰り返し――しかも科学的水準の低い――でしかない。フランスでは最近までダーウィニズムと社会ダーウィニズムが混同されていたくらいである。パトリック・トールが明らかにしたように、ダーウィンの一八七一年の著作〔『人間の由来』〕がその明確な区別をしているにもかかわらず、である。いまや社会生物学について語る者はほとんどいない。フランスで語られるとしたら、これを理解しないまま断罪するときにかぎられる。しかし、社会的動物行動学と近代遺伝学とが遭遇したこの領域は、大学や実験室において大いに発展した。それは今日、たいていの場合、行動生態学という名称の下に、多くの研究者の国際的出会いの場となっている。私が思うに、知識人わけても人文科学の研究者は結論を急ぐ前にダーウィンを研究し、社会主義者わけてもアナキストはクロポトキンをダーウィン左派の創設者として復権しなくてはならない。

　アンドレ・ピショのような専門研究者が、この期に及んで、どうしてダーウィンの科学性に疑いを表明するのだろうか。彼は次のように書いている。[123]「ダーウィニズムは生物学者のあいだでだけ科学的であるとされている」。歴史的に言って、マルクス主義はダーウィニズムを好まないことは明らかであり、ピショのような科学史家はこの学派に属しており、したがって中立的ではない。しかし他方彼は、普遍的真理は存在しないと見なす相対主義的潮流に与している。ボグダノフ兄弟やエリザベス・テシエ〔一九三八年生、フランスの有名な占星術師〕の見解もダーウィンの見解と同じほど尊重すべきであるとして、すべてはどういう角度から見るかという視点の問題であると見なす潮流である。これらの科学社会学者にとって、進化論の父は真の生物学者ではない。そうではなくて哲学者であり、理論家であり、イデオローグなのである。したがってその見解は流行するが消えてもいく、というわけだ。いわゆるハード・ハイエンスつまり物理学や生化学のような容易に量化しうる科学から、ソフト・サイエンスつまり心理学や社会学のような複雑系の科学へと移行するにつれて、科学性は減じていく。なぜなら仮説を検証することが難しくなっていくからである。しかしその点ダーウィニズムはきわめて特殊である。というのは、ダーウィニズムは二つの顔を持っているからである。つまりそれは堅固な科学理論であると同時に哲学的議論を包含してもいるのである。進化論は一方で生命科学に足場を置くとともに他方で人文諸科学に足を置くという二重性を有していて、これが大きな混乱の源になったのである。そしてそれが進化論の成功と不幸の元になってもいる。ダーウィンに最も打撃を与えた批判は、彼の理論が科学的ではないと決めつけた批判である。このことが、生物多様性の理論以上に（重大な）議論を引き起こしそうな人間についての理論を彼が回避しようとした理由であろう。

自然分類は地上における生命の歴史を説明しようとするものだが、生物学をもってしても、その歴史的変化を検証できないように見える。何千年もかかるひとつの種から別の種への変化をどうやって実験的に検証することができるだろうか。しかし理論全体を検証できなくても、個々の点に関する実験的確定はいくらでもできる。たとえば家畜化は、自然が個体の変異や遺伝形質にどうやって影響を及ぼすかを証明するものである。また擬態は自然の実験でもある。たとえば静止状態の食べられる昆虫が、止まっている木と完全に一体化すること――たとえば小枝に止まるナナフシのように――は、獲物の変異と捕食者の選択との関係によってしか説明することができない。また樺の木に集まるシャクガのような夜行性の明るいチョウは、昼間白い樹皮に止まっていて鳥からは見えないが、これも同様の仕方によってしか説明できないだろう。アルフレッド・ウォレスはこうした発見をダーウィンに知らせる。するとダーウィンは喜んでこう言う。「白いシャクガの話は素晴らしいですね。そういうふうにして理論が正しいことが証明されると血が騒ぎます」。

ところで、ダーウィンが説明しなかった社会性昆虫の存在は知識が進歩して確かなものとなったが、われわれは今日、夜行性のチョウには二つの形態が存在することを知っている。明るい色のチョウが一八六〇年までは圧倒的に多かったが、その後工場の煤煙の影響で樺の木の幹がくすんで暗い色のチョウが登場し捕食者の目にとまらなくなり、工場地帯ではこちらの方が多くなる。これはもちろん実験することはできない。これとは反対の事例もある。食べられない昆虫は強烈な色彩を有していることが多い。それはウォレスが発見したように、捕食者に警告を発して捕食者を守るためである。他方、食べられる昆虫が自分が食べられないように毒々しい色を真似ていることもある。こうしたことはもちろん、(ラマルク的意味での)個体的知性によるのではなく、(ダーウィン的意味での)遺伝的変異に基づく長期にわたる集団的選択によるのである。また、神経システムのない植物が、花蜜や果物あるいは雌の模倣などによって動物を引きつけて花粉を運ばせることを、自然選択という考え以外のやり方で説明することはできないだろう。

アリストテレスが気づいたように、動物が提起する問題は「どうやって」という疑問だけではない。進化のメカニズムは「なぜ」という問題提起をしなくては理解することができない。ダーウィンは、自然科学における理論構築の仕方は物理科学における仕方とは異なることを明らかにした。長いあいだ信じ込まれてきたのとはちがって、因果関係はひとつだけではない。物理学における原因と結果の連続においても、インテリジェント・デザインにおける目的論においても、同様のことが言える。ダーウィンは第三の型の因果関係が存在することを明らかにした。すなわち、自然は往復運動をしながら目的性を決めていくということだ。なぜならそれは機能的目的だからである。しかしその往復運動は長年にわたる環境条件の変化によって選択された個体的変異からしか生まれない。

したがって進化論の真実性は、仮説を検証するための単なる実験（仮説－演繹法）から生じるのでなく、データの突き合わせ、集中的・限定的な実験による検証、あらゆる分野からの論証といったものから生じるのである。それは種の形態的・行動的な適応、種の消滅と分岐、種の分類と多様化といった諸現象を統合するものである。この説明的特殊性はカール・ポパーのような高水準の科学哲学者をも困惑させるものであったが、ポパーは最終的に、これに――友人のコンラート・ローレンツの助けも借りて――「最初の説得的な非理神論的理論」という名前を与えている。この理論はさまざまな角度から反論されたが、こうした詳細な説明は、現在は必要ではなくなっている。この理論のこのうえで正当性が確証されたからである。進化論は今日では確たるものであり、むしろ進化科学として語られている。したがってダーウィニズムの科学的正当性は、アンドレ・ピショがなんと言おうと議論の余地がないが、その社会的相貌は当然にもなお論争の対象になっており、これが本書の最後の二つの章のテーマとなる。

ダーウィンの同時代人はこの科学的理論を逆向きに理解して賞賛したが、われわれの同時代人はこれを半分しか理解していない。というのは、現代人はダーウィンの理論における人間についての帰結を十分に把握することができないからである。人間の自由に対立する生物学的決定論についてのゆがんだ議論に惑わされて、ダーウィンの理論の人間についての結論は、先天性と後天性、自然と文化、動物と人間といった二者択一の隘路に迷い込まされてしまった。しかし社会生物学についての議論は、社会学発生の初期の頃と同じように、自然科学と社会科学を両にらみする文化人類学の代表的学者たちにとってアクチュアリティを失っていない。[124] 生物学は方法論的に前進する（人口受精、胚移植、代理母出産など）にしたがって、そして概念的に前進する（創造説とかインテリジェント・デザインといった創世物語からの脱却）にしたがって、知識の増大に応じて分析の修正を必要とする新たな諸問題を提起する。この現実は必然的にわれわれに降りかかり、倫理学や社会心理学の専門家が望もうと望むまいと、現代世界の倫理や社会心理を激変させるのである。

ハイデガーは、科学は意味の進化を思考してこなかったと非難するが、それはまさにハイデガーに向けられるべき非難である。たしかにそういう傾向があるにはあった。たとえば原子物理学の父アーネスト・ラザフォード〔一八七一～一九三七、ニュージーランド出身のイギリスで活動家した物理学者〕は、「科学はすべて物理学であり、それ以外は切手収集のようなものだ」と言明している。しかし科学における生物学の特殊性を否定してはならない。ダーウィニズムの批判者の多くは、ローレンツやウィルソンのような先駆者が掘り起こした領域に不安を抱きながらも、現実に起きている事態を見ようとしない。この地平の見通しがよくなれば、犯罪の染色体とか同性愛の遺伝子といったジャーナリスティックなこけ脅しによって、この多くの因子を包含する領域への好奇心を遠ざけることはできなくなるだろう。

第四章　ダーウィニズムの社会的射程

人は自分が望むような倫理を容易につくることができる［…］。しかし人間にとって、神によって自然の真ん中に据え付けられたことよりも、自然のなかに自分の居場所を獲得したことの方がはるかに光栄なことだと私は思う。それは嗜好の問題でもあるだろうが、私にとっては世界を支配する実体によって意図的につくられたことよりも環境の産物であることの方がはるかに輝かしいことである。

フランソワ・ジャコブ『マガジンヌ・リテレール』一九九九年三月

インテリジェント・デザインの祖先としての自然神学

おそらくすでに指摘されているように、インテリジェント・デザインをめぐって展開されている考察は、もとはと言えば、ウィリアム・ペイリーの自然神学によって生み出されたものである。

オリヴィエ・アンリ＝ルソー『ダーウィンと後継者たち（*Darwin et ses héritiers*）』前掲書

この第四章は最も問題含みの領域に踏み込むことになる。それはダーウィンと彼の伝記作家たちが知らんぷりをしようとした領域である。すなわちダーウィンが関心を持っていたが論争を避けるために正面から取り組むことを回避した社会的領域であり、第四章はこの問題にダーウィンの思想を延長しながら取り組むことにする。その領域は、いわば宗教、道徳、経済、政治の領域と言い換えることができる。ハード・サイエンスの科学者たちはダーウィンの穏健な表明に依拠しながら、社会的含意は自分たちに無関係であると考えているが、哲学者や社会学者は社会的含意が議論の中心であると考えている。どちらが正しいのか？　これを考えるのに、われわれは彼の書いたものに依拠するが、その場合、彼がこの微妙なテーマについて建て前的見解《ドクサ》を表明しようとした著作よりも、彼が論争を避けるために公表したがらなかった、あるいは公表することができなかった見解をわれわれに伝えてくれる彼の書簡、メモ帳、そして『自伝』などに重点を置くことにする。それに、このことは彼自身が述べていることでもある。彼はこう言っているのだ。「私がいつかこれらのメモ類を公表したら、十字架にかけられるだろう」。われわれはまた、ダーウィニズムならびにその現代的展開に対するわれわれの分析を提案するために、多様な近代科学者によるダーウィンの発見の継承にも依拠する。そして最後に、「人間的例外」についての自然的かつ唯物論的な説明を行なうためのテーゼを提案したい。「人間的例外」は、ダーウィンが完全には答えることができなかった（と私には思われる）要《かなめ》の問題である。

ダーウィンが生まれる数年前、司教代理のウィリアム・ペイリーが『自然神学』という本を刊行したことを思い起こそう。そのなかでペイリーは道で見つけた時計の話を持ち出して、時計のメカニズムはなんらかの上位の存在によってしか構想できないと語っていた。ダーウィンは英国国教会の牧師になる勉強を中断する前に、信者に世界の超自然的現象を直視させる自然神学を注意深く研究した。世界の起源の問題はあらゆる文化の中心に位置している。この問題は原始社会においては神話によって解決され、産業社会においては科学によって解決されるようになったが、しかし人がどこから来たかを知ることができなければ、人が何者であるかは知ることができない。ダーウィンはひとりの自然史家としての立場を超えて、ウォレスのように、世界がいかに複雑でも世界を説明しようとする飽くなき好奇心を抱いていた。〈大建築家〉〔神〕に訴えることなしに、どうやって目や花の完璧さを理解することができるだろうか。ダーウィンは当初ペイリーの自然神学に納得していたが、やがて時がたち〈ビーグル号〉での航海を通して自律的に調整される生き物の世界の精妙さを発見してから、彼の厳密な思考力に照らして〈機械仕掛けの神〉《デウス・エクス・マキナ》はいかにも単純にすぎると思うようになった。彼は生命の起源の問題をとりあえず脇に置くしかなかった。というのは、神の起源の問題がまず頭にあったからである。したがってダーウィンは、自然と人間の起源を、外部の力に訴えないで内的メカニズムによって説明しようと考えた。それは反教権主義とか反順応主義によってではない。ただ単に知的厳密さを武器としてである。このやり方での説明の難しさはアインシュタインの逸話に尽きる。子どもに誰が人間をつくったかと問われたアインシュタインは、「それは神だ」と答えた。すると子どもは誰が神をつくったのかと尋ねた。アインシュタインは、「それはおそらく人間だ」と答えた、という話である。

ダーウィンは世界を経巡る旅に深い信仰心を抱きながら出発するが、ガラパゴス諸島を通って帰ってくるとき、たとえば神はなぜどの島にもアトリとカメをつくるという複雑なことをしたのかという疑問を抱いた〔のちにダーウィンに着想を与えたということでダーウィンフィンチと呼ばれる鳥はアトリの仲間〕。こうしたおのおのの島におけるアトリの仲間やカメの仲間の繁栄を説明するには、それは植民地化されたあと、アメリカ大陸から孤立して、鳥やカメといった生物群が島ごとに固有の変化をするようになったからだと考えるとわかりやすい、とダーウィンには思われた。ダーウィンはこう書いている。「互いに非常に似通った鳥の小集団における形態のさまざまな段階と多様性を観察してみると、それはこの諸島は本来鳥が少なくて、元々いた一種類の鳥が変化して多様化した結果だと考えることができる」。

ダーウィンはペイリーに深く影響されており、『種の起源』を執筆するときペイリーの『キリスト教の証拠』という本を手本にして、自分のテーゼを証明するために巻末にすべての典拠のインデックスをまとめて記した[125]。ダーウィンはそれよりも二十五年前に次のように書いている。「私はペイリーの『自然神学』以上に感心した本はない。私は以前この本をほとんど暗記していた」。しかし彼は世界旅行のあと、もっと満足できる説明を見つけたと『自伝』のなかで語っている。「一八三八年十月つまり私が体系的調査を始めてから十五カ月後、暇潰しにマルサスの人口についてのエッセーを読んだ。私は動物や植物の習性について多くの観察を行なってきて、生存闘争の遍在をよくわかっていたので、そうした状況の下では有利な変異が維持され、不利な変異が排除されるという考えが突然浮かんだ。そこから新たな種が形成されるということである。こうして私は取り組むべき理論を見つけたのだ。しかし私は、これは理解されないのではないかと恐れたので、そのことについていっさい書かないことにした。〔…〕かつては決定的と見えた自然における合目的性についての（ペイリーのような）

昔からの議論は、自然選択の法則の発見によって失墜した」。

したがってダーウィンが進化論者になったのは、無神論によるのでもなければ、彼を中傷する者が想定するような科学至上主義によるのでもない。そうではなく、彼が当初抱いていた深い宗教的確信が十分に満足のいくものではなかったためである。逆説的にも、ダーウィンは神の隠された意図を絶えず執拗に追い求めたために信仰心を失ったのである。ペイリーにとっては、神の存在の証拠はいたるところにに存在した。なぜなら超自然的なものの助けなくしては、植物や動物がかくも完璧なものである理由を説明できなかったからである。とくにイギリスにおいて教会に通う人間の多くが自然主義者であったのはこの自然神学によるものである。ダーウィンも彼らと対立的な位置にいたのではなく、その延長線上にいた。彼は神学生のときから自然神学に関心を維持し続けていたが、生き物の世界やわれわれ人間の起源を深くまで追い求めた結果認識論的切断が生じて、そのため私的にも公的にももその煽りを食うことになったのである。このダーウィンに生じた世界ヴィジョンの変化は、以前はひとえに超自然的なものに属しその全能性を証明するものと思われていた諸現象に対する自然的説明をもたらすことになった。

神の営為を前にした驚嘆は過去のものとなり、慈悲深い神のイメージとは折り合わない有毒植物や寄生虫のような動物に象徴される不調和が出現することになる。あるいはまた、祖先の存在を示す残骸や痕跡器官も出現するが、それは神の意図にしては不完全なものであった。自然発生する諸個体の可変性や突然変異を注意深く見てみると、不変の種という概念は成り立たなくなる。種のあいだの絶対的隔絶という考えも同様に成り立たない。なぜなら自然のなかには豊かな混交が見られるからである。種の絶滅は何のために起きたのか。神はなぜ生き物を不断に消滅させ、別の種で置き換えたのだろうか。山や砂漠といった同じ環境に住む種が、同じ環境的制約を受けているのに、なぜどこでも同じではないのか。なぜ動物相は大陸ごとに違っているのだろうか。神＝創造者は唯一ではなく、各大陸ごとにそれぞれの神か特別の創造者がいたかのようではないか。それは地球全体が唯一神の同じ計画に基づいているという考えにそぐわないのではないか。動物の分布圏と同じ数の創造センターがあったのか。神はひとつの全体計画を持っていたのか、それとも気まぐれで計画したのか。

同類の種の時間的進化を注意深く追ってみると、絶滅する種があったり、退行する種があったり、逆に繁栄する種があったりと、創造者としての神は気まぐれこのうえないと考えざるをえなくなる。ところが、意図なき自然選択という考えは、融通無碍の適応、フランソワ・ジャコブの言う「進化のブリコラージュ」を説明することができる。今日、一貫性のある唯一の説明はダーウィンの理論である。ダーウィンの堂々たる証明の一貫性は、宗教信者であるか否かを問わず、教養人にとって議論の余地のないものに見える。論証や証拠は十二分にあるので、現在では、進化をダーウィンの時代のように仮説ではなく事実として語ることができる。科学的分野で進化論に反対を唱える者はもはやほとんどいない。証拠の蓄積によって避けて通ることができなくなった昔からの生物変移説をまだ否定する者たちは、かつての宗教的テクストに依拠するしかなくなった。進化論は否定できなくなったのである。たとえばダーウィンは、マダガスカルのランの花の奥行きの深さを説明するのに、三十センチの口先を持つ送粉昆虫が存在したに違いないと仮定した。これをダーウィンの反対者はあざ笑ったが、しかし、ぐるぐる巻かれた口を持った蛾がのちに発見されている。

紀元四世紀のアウグスティヌスの時代から、教養あるキリスト教徒は聖書がメタファーであることを認識していた。ガリレオが無信仰者ではなかったことが往々にして忘れられている。ガリレオは敬虔なカトリック信者であり、コペルニクスの理論と教会のドグマを両立させようとした。ガリレオが言うには、聖書は普通の人間に理解できるように、人間が把握できる単純な言葉とイメージだけを使って書かれている。たとえばそうした人間にとって太陽は地球を中心に移動しているので、それを前提として聖書は書かれている。しかし神は〈自然界〉を背景にして現れるとき、きわめて厳密な科学的法則を通して自己表現する。地球は実際には太陽の周りを回っているというふうに。このガリレオによる民衆の言語としての神の〈御言葉〉と〈幾何学者としての神の言語〉である数学の巧妙な使い分けを高位の聖職者は認めず、ガリレオに自己否定を迫った。しかし今日、ローマ教皇はこの折衷を認めている。ガリレオは自由思想家ではなく学者として教皇庁から認められたカトリック信者であったが、カトリック信者としてはあまりにも時代に先がけていた。そのため彼の『天文対話』は二百年にわたって危険視され続けたのである。ガリレオは、科学的発見とくに望遠鏡のおかげで見ることができた太陽系が受け入れられることを願望して、ある友人に次のような手紙を書いている。「私の持続的な努力と勧誘にもかかわらず、彼らは飽食した蛇のような強情さで、星や月を眺めに私の望遠鏡を見にこようとしない」。

創造説と自然神学はダーウィンに至るまでは正当な科学的理論と見なされていた。当時学者たちは学者のあいだでこの理論をめぐって議論していたが、『種の起源』が現れてからは、もはや宗教的議論を行なわなくなった科学者に教会が対立するようになった。福音派の伝統のあるアメリカにおいては、事態はまだ以前のままであり、政治の世界で以前と変わりのない蒙昧な混乱が繰り返されている。たとえばロナルド・レーガンは現役大統領であったとき次のように言明している。「進化論はひとつの科学理論にすぎないのであり、科学者団体がかつてほど確実なものと信じていない理論である。とにかく、進化論を学校で教えるなら、同時に聖書の天地創造説も教えなくてはならないと私は考える」。

ペイリーは（ニュートンも）科学と宗教はセットであると考えていた。ペイリーは自然界の研究によって神が知的かつ善良であることが明らかになったとする。ペイリーの著作の十全たるタイトルはそこに由来する。すなわち『自然神学または自然の諸相から引き出された神の存在と属性の証拠』[126]。したがって世界についての科学的研究は天地創造の計画を描いた上位の知性の存在への信仰を強化し続けた。自伝のなかで告白しているように、この教えの論理は最初ダーウィンの心をとらえた。しかしその後、これは「私の精神の教育にとってはあまり役に立たない」と思われた。このダーウィンの考えはそのまま額面通り受け取るべきであろう。というのは、ダーウィンの動機の核心は、人間を含む生き物の世界を最良の仕方で説明しようという恒常的意志にあるからだ。ダーウィンにおいてその説明は、まず神の摂理によって、ついでもっぱら科学だけに依拠して行なわれるようになり、これが最初の説明への関心をいっさい取り除くことになったのである。

フランスの大昆虫学者で動物行動学の先駆者でもあるアンリ・ファーブルとダーウィンとの行き違いはこうした角度から理解しなくてはならない。ダーウィンはファーブルと手紙のやりとりをしていて、ファーブルによる昆虫の生態の描写を高く評価していた。とくに動物が解決すべき問題に自然のなかで完全に本能的に対処している姿の描写。しかし、深い信仰心を抱いていたファーブルがそこに神の存在の証拠を見ていたのに対し、ダーウィンは種が周囲の環境条件に適応することができるのはひとえに自然選択のゆえであると考えていた。ペイリーや今日のインテリジェント・デザインの信奉者と同様に、ファーブルは自然の驚異は造物主（神）の存在のきわめつけの証拠であると考えていた。そして完全存在としての人間が被造物の頂点に位置すると考えていたのである。しかしダーウィンにとって人間は、われわれの道徳感情が証明するように、動物のなかで最も複雑性を有する社会的な種の位置に偶然到達したひとつの種にすぎないものであった。ダーウィンとダーウィニズムに対するファーブルの批判がこの奥深い論争を要約するものであるが、この二人の自然史家は互いに尊敬しあってもいた。ファーブルはこう言っている。「私が観察する事実が彼〔ダーウィン〕の理論から私を遠ざけるとしても、私は彼の高貴な性格と学者としての純真さを尊敬することにかわりはない[127]」。

こうした科学的・哲学的議論は昨日今日に始まったことではない。ウォレスはすでに世界の存在理由は人間精神の発展であると考えていた。この目的をテイヤール・ド・シャルダンはオ︎メ︎ガ︎・ポ︎イ︎ン︎トと名付けた。この問題は、ダーウィンと、これまで幾度も喚起した彼の教師のひとりセジウィックとのあいだで深刻な様相を呈することになった。地理学者で牧師のこの人物はダーウィンに次のように答えている[128]。「創造という言葉を私はどう理解するか？　私はこう答える。〔…〕それは私が真似ることも理解することもできないけれど、自然の法則と諧調から引き出された確固たる理由と正当な結論のおかげで私が加わることができるある力である。なぜなら私は、私を取り巻くあらゆるもののなかに、ある意図あるいは計画を見て取ることができるからであり、私が解釈することができる諸部分の相互的適応を見て取ることができるからである。それは、自然の諸現象の外部に、そして諸現象を超えて、意図と予見を備えた大義が存在することを証明するものである……しかしダーウィンは、こうした私の考えをものごとの説明に奇跡を取り込もうとするものだと反論するだろう」。

しかしこれは、やはり心から神を信じているダーウィンのもうひとりの友人、アメリカの植物学者エイサ・グレイの結論ではない。このハーヴァード大学の教授はダーウィニズムと宗教が両立不可能とは考えていなかった。彼は逆に自然選択の法則のなかに神の手を見ていた。エイサ・グレイは生涯を通じて進化論の熱烈な信奉者であり、アメリカにおけるダーウィンの不滅の擁護者であった。近代地質学の創始者にしてダーウィンの精神的父であったチャールズ・ライエルにとって、自然法則は同時に神の力の表現でもあった。超自然的なものや奇跡は神を信じるために不可欠のものではなく、ものごとを複雑化するにすぎないものである、というわけだ。スカウト運動の創始者ベーデン・パウエル神父〔一八五七〜一九四一〕は当時、科学的発見はどれも、ひとえに上位の知性の存在を証明するものであると考えていた。実際、ダーウィンは無信仰の活動家ではなく、こうした理神論の潮流の継承者と考えた方がはるかに理解しやすい。しかし彼は、自然の営為の原動力の探究を深く推し進めた結果、自然的説明を見つけるに至ったのである。ダーウィニズムならびに科学と宗教の関係の専門家であるカナダの教授マイケル・ルースが、これを次のように要約している。「実のところ、ダーウィンは彼の宗教的確信から——宗教的確信にもかかわらずではなく——進化論者になったのである」(129)(130)。

インテリジェント・デザインの先駆者ウィリアム・ペイリーは、生き物の世界の背後に目的や目的論が存在していると想像していた。なぜなら「発明は発明者がいてからこそのこと」だからである。したがって細部までは行き届かないにしても、発明の仕組みを遠くから操っているのは神であるということになる。神が最初にしか現れず、その後決して現れないということになると、こうした生き物の世界の説明を無効化するのは難しい。そのせいか、この説明はすでに、ヒューム、ヴォルテール、ラマルク、ライエルなど啓蒙時代の多くの哲学者や科学者が共有していた。今日でもなお、ダーウィニズムに見えざる神を加えるかたちで同じ事実を理解することが可能である。

こうしたペイリーの思想の現代的刷新にとってやっかいな批判も存在する。第一に、寄生のような退行現象はインテリジェント・デザインによっては説明困難である。インテリジェント・デザインは複雑化の増大を前提とするものだからである。第二に、ビュフォン、キュヴィエ、ラマルクは、エルンスト・マイアが「自然神学のアキレス腱」と見なす〈時間〉というファクターを導入したという問題である[131]。すなわち、種が（移入種を含めて）気候的・地理的変化あるいは捕食や競争に絶えず適応しなくてはならないとしたら、万物創造のとき上位の存在たる神は、つねに変化する環境に完全に適応する種を最初からどうやって創造することができるだろうか、という問題である。かくして、インテリジェント・デザインは人間的レベルにおいて一瞬しか有効性はなく、地質学的レベルへは適応することができないことがわかる。種はダイナミックに変化する世界のなかで消滅せず延命するために永久に進化するからである。サリナ公爵〔十九世紀シシリアの没落貴族〕が『山猫（*Il Gattopardo*）』〔イタリアの作家ジョゼッペ・トマージ・ディ・ランペドゥーサ〔一八九六～一九五七〕の死後出版の小説〕のなかで言うように、「何も変わらないためにはすべてが変わらなければならない」ということだ。それはまた、アメリカの進化生物学者リー・ヴァン・ヴェーレン〔一九三五～二〇一〇〕が、レッド・クイーンの原理[132]と名付けたものでもある。なぜなら『鏡の国のアリス』のなかで、レッド・クイーンは動く景色のなかでつねに同じ場所にとどまり続けるために絶えず走り続けなくてはならないからである。第三に、ダーウィンにとって、慈悲深い神が捕食や寄生あるいは無垢な子どもの死——彼の十歳の娘の死のような——を引き起こすはずがない。こうした議論、とくに最後の道徳についての議論に対して、エイサ・グレイや現代の〈インテリジェント・デザイン〉の信奉者は月並みな応答しかできない。すなわち「神のなさることは計り知れない。悪から善が生じないとは言えないだろう」。

　ダーウィニズムはよく言われることとは逆に、必ずしも無神論の同義語ではない。なぜなら教養豊かな信者はダーウィニズムを支持し、神信仰は変えないが奇跡は神学的に擁護できないものでありダーウィン的な自然選択は神の計画の一部をなしている、とつねに考えてきたからである[133]。また、牧師になりそこねたダーウィンも、神を持ち込まないで生物多様性と人間を説明する方法の創始者であるにもかかわらず、無神論者というレッテルを拒否し、自分は不可知論者であると言明していたのである。

悪魔の福音

この頃〔一八三六～一八三九〕私は、ヒンズー教の聖典やあらゆる未開の信仰などと同様、旧約聖書を信じる理由はもうないことを徐々に理解し始めていた。

チャールズ・ダーウィン

ブレーズ・パスカルはすでに一六四七年に『真空論序文』のなかで科学と神学を切り離すことを提起していた。この区別はその後二百年、ダーウィニズムの圧力の下で強まった。今日多くの人にとって、科学と宗教の一体化はもはや信じられるものではない。教養ある信者たちも聖書は真理を語るものとしてそのまま受け取ることはできないことを認めている。それはたとえば化石がその逆を証明しているからである。イギリスの博物学者で作家のフィリップ・ヘンリー・ゴスは『種の起源』が世に出る二年前『オムファロス』〔ギリシャ語でへそを意味する〕と題された本[134]のなかで、当時の地質学的知識と聖書の思想とを融合しようとしたが、それは絶望的な試みであった。いわく、神は世界を創造するとき、世界はずっと昔から存在することを信じさせようとして岩のなかに化石を置いたのである……。

ローマ教皇ピウス九世〔一七九二～一八八八〕がダーウィンを悪魔の手先と形容し、ピウス十二世〔一八七六～一九五八〕が回勅のなかでダーウィンを共産主義と実存主義の原因と見なしたの対して、ヨハネ・パウロ二世〔一九二〇～二〇〇五〕はダーウィニズムを「仮説を超えたもの」であり、キリスト教信仰と両立するものであると評価した。ヨハネ・パウロ二世は一九六六年十月二十二日の教皇アカデミーへの書簡のなかで進化論の妥当性を認めていた。「互いに独立した研究の自然な集約がこの理論の論証の有効性を示している」。しかし彼は次のように念押しの明記をしてもいる。「精神を生命物質の力の現れとして、あるいはこの生命物質の単なる付帯現象として捉えている」この理論は、「人間の真の姿とは相容れない」。これは「人間的例外」という大きな問題を提起するものである。

カール・ポパー以降、一般に神の存在、史的唯物論、精神分析といったような検証不能な仮説は反駁不可能であるがゆえに、確証することは不可能であるとされている。古生物学者で科学史家のスティーヴン・ジェイ・グールド(一九四一〜二〇〇二)はそうしたことを踏まえて、ペイリーやニュートンとは違い、科学と宗教は同じ分析方法の領分に属していないと考えた。現在の多くの思想家は、明白な証拠に基づいて科学的仮説を検証することができるが、神については存在することも存在しないことも証明することはできない。したがってダーウィンの立場は時代に先行していた。彼は自分を神が存在しないことを証明できなければ窮地に立つ無神論者と考えていなかったが、さらに用心深くて、自分を不可知論者と考えていた(不可知論者は神の非在を証明しようとせず神をスルーする)。天文学者ピエール=シモン・ラプラス〔一七四九〜一八二七〕が、神は計算上どこに入るのかと尋ねたナポレオンに「神は必要なし」と答えたのと同じように、ダーウィンはもはや神についての仮説を必要としなくなった。なぜなら自然選択の理論が、もはや超自然的なものに訴えることなしに〈ミステリーのミステリー〉を説明することを可能にしていたからである。

しかし神なしで済ますことや神を否定することは、ダーウィンのような穏健派の立場とそれほどかけ離れていない。スピノザは『エチカ』のなかで、「自然のあらゆる物は人間と同じようにある目的のために行動すると人間が仮定していること」を嘆いていた。スピノザは神を「無知の隠れ家」と見なし、ディドロは神信仰と理性を両立不可能と考えていた。一方フロイトは、宗教をわれわれを不安から守るための幻想と考えていた。われわれが先に言及したリチャード・ドーキンス——彼はまたかつてのトマス・ハクスリーと同様に「ダーウィンの番犬」と呼ばれてもいる——は師のダーウィンと一線を画して、二〇〇六年に出版された戦闘的な本『神は妄想である——宗教との訣別』〔垂水雄二訳、早川書房〕のなかで無神論を標榜している。ドーキンスは「神の存在の蓋然性はきわめて低い」とし、物質的証拠のない神の存在の仮説を進化論によって否定している。そして彼はロンドンの二百台のバスを使った反宗教ポスター・キャンペーン（「神はおそらく存在しない。悩むのをやめて人生を楽しもう」）を支持した。こうした知の限界についての議論は、科学主義的自由思想家のヘッケルと、電気生理学の創始者で〈イグノラビムス〉という新語——この言葉は「われわれは知らない、われわれは決して知ることはない」という意味のラテン語の表現の略語である——の発案者でもある懐疑論者エミール・デュ・ボア゠レーモンとの歴史的論争を想起させる。

旅行から帰ってからのダーウィンの急変のなかには、論理的・科学的な様相が見られないだけでなく、日頃からあまり表に出さない社会的立場表明も見られない。彼はそのことを『私的メモ帳』にも記している。「私がどれほど唯物論を信じているかを表明することは避けなくてはならない」。ジャン゠クロード・アメーゼン[135]は、これらのダーウィンの散逸した書き物を収集した。それらの書き物は用心深く中立的な彼の個性の背後にある道徳的立場や旅行出発時の宗教的問いを明示している。「自然の残虐きわまりない営為について、悪魔を相手にする司祭はどんな本が書けるのだろうか［…］。私は皆が思うようにそこにわれわれに対する意図や慈悲の証拠を見ることはできない。世界にはあまりにも悲惨なことが多すぎると私には思われる。［…］無垢で善良な人が木の下にいて雷で死ぬ。（私はあなたがたに本当に聞きたいのだが）神が意図的にその人を殺したとあなたがたは信じるのだろうか。すべてと言ってもいいほど多くの人がそれを信じている。しかし私はそれを信じることはできないし信じてもいない。［…］疑いの念がゆっくりと私のなかに沸き上がってきた。私はしだいに神の啓示に対する信仰を失うようになった」。

〈ビーグル号〉で旅行に出発するとき聖書を携帯し、聖書を疑う余地のない道徳的権威として引用していた――同乗の士官たちはこれを嘲笑した――ダーウィンは、パタゴニアで二十歳以上の原住民女性が殺される清めの儀式、ブラジルで捕まった女性の奴隷の拷問による自殺、チリで未成年者が力尽きるまでの労働搾取、アルゼンチンで原住民の皆殺し、オーストラリアやタスマニアで植民者による原住民狩り、こういったおぞましい光景を目の当りにした。ダーウィンはこう書いている。「オーストラリアのアボリジニはこの国で生存権を失っているように思われる」。こうしてダーウィンの素顔を隠しているヴェールを剝ぎとると、彼の自然史家としての旅行は同時に人類学者としての始まりでもあったということが見えてくる。ガラパゴス諸島がつねに伝記作家の注目を集める科学的探検の頂点をなすとしても、フエゴ諸島の植民地化のくわだての（初発の）失敗は、その後のダーウィンの人間的行動の展開を決定づけたものと私には思われる。清心な精神を持つ若き生物学者にとって、フエゴ島の未開人と〈ビーグル号〉が連れ帰ったキリスト教徒化した四人の原住民とを比較することは魅力的なことであった。ダーウィンはこの思いがけない実験から、最も恵まれない人間でも類人猿とは異なっている、という結論を引き出している。「フエゴ島の原住民とオランウータンを比較して、その相違はとてつもなく大きいと言明する勇気を持とうではないか」。植民地を打ち立てるためにフエゴ島の原住民にロンドン市民の服を着せたこと、そしてその後文明化ミッションの破綻を確認せざるをえなかったことは、すべての人にとってトラウマとなった。ダーウィンも例外ではなかった。ロバート・フィッツロイにとってはトラウマはさらに深かった。フィッツロイは牧師を乗船させていたが、この牧師はもうすこしで（動物に）食べられるところだったのだ。ダーウィンは動物の残虐行為（彼は寄生現象に驚いている）や、それよりもひどい人間の残虐行為（彼は奴隷制度につねに嫌悪感を持った）を目の当りにして、慈悲深い神への信頼を失った。船上でのダーウィンの愛読書は詩人ミルトンの『失楽園』であった。

この旅行は彼にとって二重の意味で新たな世界に目を開かせるものだった。ひとつは駆け出しの学者として、もうひとつは心ならずもの哲学者として。ダーウィンは内心では知らない間に上位の存在を信じなくなっていたが、例のごとく彼は表だってそれを言明することは回避して慎重な態度をとった。われわれ人間種の非人間性を思い知り信仰心を失って前線から戻ってきてもそのことを口にしない兵士と同様に、牧師になりかけていたダーウィンは世界の悲惨を発見して恐れおののくが、口をつぐんでしまう。帰国して結婚したあと、彼の妻はこの謙虚であるが堅固な身の引き方に気づいてこう打ち明ける。「証明されない以上何も信じないというあなたの科学的仕事に対する習性が、科学とは別の事柄で証明されえないことについても、あなたの心に影響を及ぼすのではないかと私は危惧します。あなたが神の啓示の持つ重要性から遠ざかる危険がそこにはあります［…］。あなたを悩ませることはすべて私をも悩ませます。私たちは互いに永遠に同じ気持ちになれないと考えたら、私はこのうえなく不幸な気持ちになります」。このエンマの手紙を心優しきダーウィンは終生手放さず、妻にこう書き残している。「私が死んだら、私がこのあなたの言葉を幾度となく抱きしめ涙をこぼしたことをおぼえておいてください」。

ダーウィンは、自分が敬愛する妻の深い信仰と父親や祖父の自由思想とのあいだで引き裂かれながら、一八五一年の娘の死に直面して決定的に信仰を失ったことが知られている。その年、大切な娘アニーが十歳の若さで死去したとき、全能の慈悲深い神へのダーウィンの信仰は消滅する。彼は近親者にこう打ち明けている。「善良な神さまがどうしてかくも美しくいたいけな少女をこんなにも苦しませるためにおつくりになることができるのでしょうか?」。このようにダーウィンは、公的・家族的な次元の物事をよく考慮し、無神論者ではなく不可知論者であると言明しながら、科学と宗教、論理と倫理とのあいだの深い関係をそれとなく表明していたのである。

ダーウィンは一八六〇年、植物学者エイサ・グレイに宛てた手紙のなかで、自分が「悪魔の福音」とあだ名をつけた『種の起源』をめぐるあらゆる論争を嘆いている。「この問題の神学的側面は私にとってつねに耐え難いものです。私は困惑しています。宗教に異を唱えるつもりはありませんでした」。ダーウィンは無信仰になっていたが、反教権主義ではなく、信者をその道徳性において尊敬してもいた。そうであるがゆえに彼はクレマンス・ロワイエの仏訳の攻撃的序文に裏切られたと感じたのである。ダーウィンは宗教についての持論を決して公表せず、友人もいる神学者たちとの紛争を回避したが、彼の確信に変わりはなかった。ダーウィンは一八七〇年頃、息子に向かってヴォルテールの教えを引き合いに出している。「「ヴォルテールは」キリスト教への真正面からの攻撃はほとんど効果がなく、搦め手から静かにゆっくりと攻めたほうが効果があることを発見したのだ」。一八八〇年、ダーウィンはある手紙のなかで次のように言明している。「私はすべての領域において自由思想の熱烈な擁護者ですが、キリスト教と有神論に反対する論証は――それが正しかろうと正しくなかろうと――公衆にほとんど影響を及ぼさないと思われます。また思想の自由は科学の前進に伴う人間の精神の漸進的な開化によってもたらされるのだと思われます。ですから私はつねに宗教について書くことは避けて、科学についてだけ書くようにしたのです(136)」。

ロンドンで自由思想家たちのある国際会議が開かれたとき、ダーウィンはその参加者のなかの三人から会いたいという要請を受けた。ダーウィンは一八八一年九月二十八日彼らを招待したが、のちにマルクスの末娘の伴侶となりダーウィニズムと社会主義を近づけようとしたエドワード・エイヴリング〔一八四九～一八九八〕が会食のあとの対話を報告している。「あなたはミミズのような無意味なものをどうして研究なさろうとするのですか?」という問いかけに対するダーウィンの答えはこうである。「私は四十年前からミミズを研究しているのです」。自由思想家たちは自分たちと一緒に闘うようにダーウィンを説得しようとするが、ダーウィンはこう答える。「あなたがたはどうしてそんなに攻撃的なのでしょうか? あなたがたの新思想を採用するように大衆に力づくで迫って何か得るものがあるのでしょうか? それは教育を受け教養があって思考能力を備えた人々にとっては大変好ましいことでしょう。しかし大衆はそうした態勢ができているでしょうか? 〔…〕あなたがたはなぜ無神論者を名のり、神は存在しないと言うのでしょうか?」。するとひとりの用心深い訪問客がこう答える。「私たちは神は存在しないとは言っておりません。〔…〕「無神論者」というのは単に「不可知論者」をどぎつく表現した言い方であって、「不可知論者」というのは「無神論者」を丁寧に表現した言い方なのです[137]」。

一九一五年にある証言を公表したレディー・ホープ〔一八四二〜一九二二、イギリスの伝道者〕のように、ダーウィンは最後にかかった病気のあいだに宗教に回帰したと言っている者もいるが、それはダーウィンの子どもたちや歴史家によって否定されている。臨終のとき近くにいた娘のヘンリエッタは、ダーウィンが「死ぬのは恐くない」と言ったと証言している。そして、自分の無信仰によって悲しい思いをさせた伴侶のエンマに向けた最後の言葉はこうである。「あなたが良き妻であったことをおぼえておいてください」。

しかし困ったことに、最近の伝記作家のなかには、ダーウィンが髭面の神〔聖画や聖像の神〕は信じていなかったが、世界の法則の起源でありながら人間には関心のないある実体を信じていたと結論する者たちがいる[138]。アインシュタインとダーウィンは、聖書は子ども向けのおとぎ話であると見なしていた。ちなみにダーウィンは『自伝』の初版のなかで次のように書いている。「〔聖書の〕考えは、私を人間の知性と似通った知性を備えた第一原因〔根本原因〕を考察するように仕向け理神論の方へと向かわせる」。しかしダーウィンはその後、『種の起源』を書いているときに確実視していたこの結論は砕け散ったと付け加えている。ダーウィンの死後、妻の検閲によって削除されされのちに孫娘によって復元された『自伝』の一節で彼は次のように記している。「子どもに神への信仰を教え込む教育は強い力を持ち子どもの柔軟な脳に遺伝的影響を発揮しうる可能性があること、そのため子どもは神への信仰から脱却することが困難になる可能性があることを過小評価しないようにしよう。それは猿が蛇に対する本能的恐れを払拭しきれないのと同じことである」。こうした道徳の起源についてのダーウィンの説明の「不敬な様相」は、夫の「宗教友達に苦痛を与えることを避けようとしていた」エンマとはもちろん相容れなかった。

ダーウィンは習慣化した自己懐柔の試みを繰り返していたが、最後には無信仰者、不可知論者として死んだ。しかし、かくも微妙、慎重、複雑な思想は、いま一度彼の言葉にこだわって検討してみてもいいだろう。この内心を映す言葉の鏡をよく表わす逸話が残っている。ダーウィンは妻に連れられて交霊術に立ち会ったとき、途中で気分が悪いと言って姿を消し、戻ってきたとき頭を振りながらこう言った。「こんな馬鹿げたことを本当に信じなくてはならないのだろうか」。このダーウィンの反応についてエンマは友人に次のように書き送っている。「彼〔ダーウィン〕は単に信じたくないだけです。彼はそういうことが起こりうる可能性が嫌いなので、証拠を見ることを拒否しているのです(139)」。理解されない哀れなダーウィン。最愛の妻からも理解されず、妻は彼の死後、彼のために良かれと思って彼の言葉を削除までした。さらに妻は彼の意志に反して、この異端の夫の国家葬に同意し、それは英国国教会の指揮のもとにウエストミンスター寺院で執り行なわれたのである。しかし少なくとも彼の言った言葉は残っている。なぜなら彼は妻の宗教的要請にもかかわらず不敬虔なメッセージを伝達することができたからである。ダーウィンは宗教や人間について語らないことによって、創造者（神）を必要としない自分の理論について論争を回避することに成功したが、彼の著作は唯物論の聖書となっていたのだから、宗教を真正面から攻撃することは避けながら自由思想家として振る舞った方がより効果的であったのではないかと思われる。

ダーウィンは穏健性とラディカリズムの驚くべき混交によって宗教に気配りしながら、創造の起源を生物学のなかに探ろうとした。彼が尊重しすでに動物のなかに見いだしていた利他行動のような最も高次の道徳的行動への注目をも伴う、ダーウィンのこの聖像破壊的アプローチは、きわめて複雑微妙なテーマに関わる医用画像技術や神経生物学といった最新の科学的研究への道も切り開いた。ダーウィンは、動物や未開人に見られる、物に魂を付与するアニミズム的傾向のなかに宗教の前提となるものを見つける。彼は『人及び動物の表情について』のなかで、マックス・ブラウバック教授の「犬は主人を神のように見つめる」という理論を引用しているが、犬についての最近の遺伝子的研究によって、犬は狼に起源があり若い狼は群れのリーダーに絶対的に付き従うことが証明されている。犬は取捨選択の強い影響を被るため、主人に密着して永遠に幼い未成熟な性格を保持していることも証明されている[140]。さらに（われわれがもう少し先で詳細に説明する）ある理論によると、人間やイヌ科の動物の社会的行動は猟師集団の生態的地位《ニッチ》に合致する。われわれ人間種は一万年前まで霊長類のなかでこの生態的地位を占めていた唯一の種なのである。神への信仰は単に文化的に生じたものではなく、リーダーに対する生まれつきの尊敬に基づくものではないのか、とダーウィンはこのことを控え目にではあるが大胆に提起しているのである。

　ダーウィンは「生き物の変異性や自然選択のなかに、風が吹く方向よりも計画性があるとは私には思われない」と述べている。ダーウィンにとって、進化は目的性を有してもいなければ人間中心的なものでもない。われわれ人間は進化の目標ではないし、自然も企図を有しているわけではない。今日インテリジェント・デザインと名付けられ、宗教信者にとって進化論から身を潜める場所となったものは存在しない。ダーウィン以後、生物多様性は化石の存在や他の霊長類とわれわれとの相似性などと同じくミステリーでもなんでもない。人間はもはや世界と無関係の地球外生物ではない。われわれ人間種には、われわれの家族である生き物との結びつきが明らかになったかぎりにおいて、アイデンティティの問題はもはや存在しない。かくしてダーウィニズムから引き出される結論の射程は、ダーウィンの初期の雑多な勉学、〈ビーグル号〉での彼の役割とその後の彼の個人的研究手段、さらには従来の自然科学のあり方などとは比べものにならないくらい広大なのである。

実のところ、ダーウィンは科学者としてリクルートされたわけではなかった。フィッツロイ艦長は、ダーウィンが期待以上にまっとうした博物学的関心を引く物の収集者としての役割以上に、同じ社会的地位にあるダーウィンを旅の道連れの話し相手として求めていた。フィッツロイは同乗した医者を公式の自然史家と見なしていたが、医者はこれに気分を害し、最初の寄港地で下船してしまった。父親はダーウィンの船賃を五百リーブル支払っており、ダーウィンは乗客扱いであった。ダーウィンは船上ではなく地上で幾度も夜を過ごしたり、土地のガイドにガイド料を支払ったり、四年間にわたって助手に報酬を支払ったりしている。ついには自殺して果てるほど強い精神不安定の持ち主であったフィッツロイ艦長は、話し相手として紳士らしい紳士を求めていた。つまり彼をいつでも支持してくれる〈食卓の友〉である。そんな超保守主義者のフィッツロイだから、ダーウィンが奴隷制を批判したとき食事中に追い出してしまったことがある。しかし奴隷制は一八三三年〈ビーグル号〉での航海中に廃止された。生涯の最期に非常に敬虔になったフィッツロイは『種の起源』を読んで憤慨した。それでもダーウィンはフィッツロイへの友情を保ち続けた。〈ビーグル号〉の出発時には悪がきであり（ダーウィン自身が自分をそう形容している）、〔父親が〕将来福音伝道者になることを期待していたこの人物は結局学者に〻なり、彼の報告書は王立協会で評判になった。ダーウィンが下船したとき、父親は妹たちに彼の社会的昇進と人格の変化を喜んで伝えている。父親はその変化が形態心理学的に現れているとして次のように言っている。「おや、顔つきが完全に変わっているぞ!」。

エルンスト・マイアと並んで総合的進化理論の創始者である遺伝学者のテオドシウス・ドブジャンスキー〔一九〇〇～一九七五、ウクライナ出身、アメリカの進化生物学者〕は次のような素晴らしい表現を残している。「進化の光に照らさなければ生物学において何一つ意味はない」。百年前には仮説にすぎなかった進化論は生物学の要《かなめ》となり、すべての分野が――動物行動学や人類学を含めて――進化論を組み込まなくてはならなくなった。科学的議論はほとんど終了したが、社会的議論は続行している。ダーウィニズムは、最近まで生物学主義が幅をきかせていたため除け者になっていた社会科学の関心を引きつけ始めている。人類学、心理学、医学、哲学、さらには倫理学も、ダーウィニズムを参照し始めている。今日、教養ある人々は誰しも、われわれ人間が形態学的に動物に起源を持つことを認めている。チンパンジーが遺伝学的に人間とほとんど変わらないことを知っているからである。しかしながら、多くの人々が天(神)を持ち出さない証明に納得しきってはいない。なにせ、そんなに昔ではないダーウィンの時代には、ウスター〔イングランドの都市〕の英国国教会の司教の妻がこう叫んでいたのである。「人間が猿から生まれたですって? それが本当でなければいいのですが。もし本当なら、それが知られることのないように祈ろうではありませんか」。

アメリカでは、一九二五年テネシー州のデイトンで「猿裁判」という有名な訴訟が行なわれた。ある教師が生徒に進化論の存在を教えたのが発端である。いくつかの州が進化論を教えることを禁止し続けている。アメリカでなお多数を占める福音派は「創世記」を科学的文書と見なしており、創世神話は科学としてラジオやインターネットを通じて拡散されていて、サンディエゴには創世研究所もある。右翼の教授でインテリジェント・デザインのイデオローグでもあるフィリップ・ジョンソンのような大学人が、次のように誇らしげに言明している。「われわれの最終目標は、神が存在することを確証しダーウィンを打倒することである」。ルーマニアでは、進化論の教育はカリキュラムから排除された。ポーランドでは、教育副大臣が最近、進化論は「嘘であり〔…〕無信仰者の年寄りの戯言である」と述べた。イタリアでは二〇〇四年、ベルルスコーニ内閣の教育大臣が、初等中等教育で進化論を教えることを政令で禁止しようとした。スイスのいくつかの州では、生物学の講義でインテリジェント・デザインを教えており、「天地創造博物館」にはノアの箱船の実物大（！）の模型が展示されている。二〇〇七年、極右のイスラム原理主義者アドナン・オクタル（Adnan Oktar）がハルン・ヤーヤ（Harun Yahya）という偽名で、膨大な数の学校――ほとんどがフランスのリセ――に『天地創造地図（*L'Atlas de la Création*）』と題された豪華な挿絵入りの自著を送り付けたが、それは「二十世紀のすべての悪の根源としての進化論の欺瞞」を告発するものだった。〈その〈悪〉のなかにはナチスやスターリンの犯罪以外に、九月十一日のイスラミストによるニューヨーク・ツインタワーへの攻撃も含まれていた！〉。この著作における種についての説明は半分が間違っていた。デカルトとラマルクの国〔フランス〕においては、ダーウィニズムは今では公的に受容されてはいるが、実際上ほとんど教育されていないか、いいかげんな教育しかなされていない。なぜならその教育において、進歩と進化が混同されつづけているからである(141)。おまけに未来の研究者のための教育においても、あいかわらず科学についての考察が含まれていない。(142) これは認識論と言われる領域であるが、その最も複雑な研究対象はまさしく進化の理論であることを喚起しておこう。

不道徳な学説

現代の物理哲学は人間から道徳的属性を剝ぎとる。〔ダーウィンの学説は〕彼の支持者が世界を不道徳なものとして理解していることを示すものである。何がわれわれに善とは何か悪とは何かを教えてくれるのだろうか？　法律だろうか？　義務だろうか？　因果律だろうか？

アダム・セジウイック

形態学的・生理学的な次元における人間と人間以外の動物との密接な類縁性は心理学的・感情的次元においても言える。それは単に確信ではなく科学的事実でもある。この近接性の証拠は多くのいわゆる原始文明のなかで直観的に感受することができる。古代エジプトから近代インドに至るまで、動物は人間の家族や神話の一部をなしている。一神論由来の西洋文化はその反対であり、百五十年前にダーウィンが、われわれ人間種と他の種とのあいだには程度の違いがあるだけで自然本性の違いはないことを科学的に証明するまで、人間と動物を対立的に捉えていた。このダーウィンの考えは遺伝学や動物行動学がさまざまな発見を通して確証してきたことでもある。進化論は『種の起源』を「豚と兎の生産的な結合を眺めるのと同じほど不条理な」理論と見なした出版社の予測にもかかわらず成功を博した。(143) しかしダーウィンのメッセージの一部はまだ摂取されずに残っている。そしてこの問題の再提起はコペルニクス革命にも匹敵するものである。すなわち地球が物理的世界の中心にあるわけではないのと同じように、人間は生き物の世界の中心ではないという命題である。われわれがこのことを受け入れるにはまだもう少し時間がかかるだろう。というのは、人間中心の世界はこれまでたいへん快適であったからである。

十八世紀は啓蒙の世紀である。この世紀の初期の頃、人間改造の大いなる期待がこの時代には進歩への信仰と同義語であった進化の思想の発展への下地をつくった。その後時代は進んだが、ダーウィンを受け継ごうとしたイデオローグたちは彼のテーゼをすべて摂取しうるだけの科学的知識を有していなかった。ヘッケルは例外であるがペテン的でもあった。なぜなら彼は自然史家というよりも哲学者、通俗化の推進者、発生学者として秀でていた人物だからである。彼の海の微小動物についての研究は高等脊椎動物の社会を科学的に分析しうるだけの教養をもたらさなかった。したがってヘッケルによるダーウィニズムと社会ダーウィニズムとの混同は、当初ダーウィンにとって大きなメリットのある状況をもたらした。というのは、ヘッケルによるこの無理解は逆説的にもダーウィンの理論を広めるのに大いに役立ったからである。つまりダーウィニズムを生物の改良という角度から捉えて社会進歩を種の進化に結びつけ、われわれ人間種を生物分類序列の頂点に位置づけることは簡単なことだったのだ。これはキリスト教の象徴体系のなかで人間がヤコブの梯子〔天国と地上を結ぶ梯子〕において神と天使に次ぐ地位を占めていることと合致している。ともあれ、このダーウィニズムと社会ダーウィニズムとの混同は時代が進むにつれてダーウィンのメッセージの理解と射程を狭め傷つけることになる。

ヴィクトリア朝時代における進化と進歩の混同によるダーウィニズムの普及はしばしば指摘されたことである。『種の起源』はまた、宗教信者を正面から攻撃せず、さらに本の結論部でこの混同を容認するかのような記述を残しているダーウィンの戦術の恩恵を被った。ダーウィンはこう書いている。「最初は創造者によって少数の——おそらくたった一つかもしれない——形のなかに吹き込まれたさまざまな力を有する生命の概念ほど偉大なものはないだろう。われわれの地球は重力の法則に従って軌道を回り続ける一方、単純このうえない始まりを持つ多くの素晴らしい形の生命が発達しなお発達し続けるだろう」。ダーウィンがターゲットにしたくない厚い信仰を有する妻や親友を持っていたことは知られている。読者に対しても同じ気持ちを持っていただろう。したがってこういった記述の仕方は単に手練手管ではなく、信仰者と無信仰者のあいだに本当の対立はないという彼の深い確信の表明であったと見なすことができる。しかしそこにはまた、彼の道徳的・論理的な持続的意志が存在し、それが彼をして神学生の立場から生物学のニュートンの立場へと押しやった。科学が宗教に取って代わり、自然選択が神の摂理に取って代わったのである。他方、ダーウィンの弟子や支持者のなかには、昔も今も深い宗教的確信を持った者もいれば無神論者もいることを喚起しておこう。

したがってダーウィニズムは見かけよりも複雑であり騙されやすい。そのためダーウィニズムの通俗的普及者の多くは、短期的に見て都合の良いところだけを取り出した。現実の複雑さを説明するのにダーウィンによる説明よりも不十分であってもそうしたのである。ダーウィニズムの科学的様相に納得している者でも、多くはその社会的帰結を受け入れられないでいる。というのは、われわれが繰り返し述べているように、ダーウィン以降、客観的に見て人間はもはや万物の王ではないからだ。人間が万物の王であるということはわれわれの想像上のことにすぎない。ヴィクトリア朝時代の彼の弟子たちは、それが科学的に証明されたと考えこれをすすんで支持しようとした。ところが現在、教養ある無神論者の大半はいまだに人間は万物の王であると考えている。おそらく進化（論）は時代が進むにつれて複雑さを増しており、人間は必ずしも序列的に優位な位置にいるわけではない。しかし、多くの人が、コンドルセが一七九四年に叫んだように、いまなお進歩の宗教を信じている。コンドルセはこう述べている。「人間の能力の完成には限りがない。人間の改善可能性は実に無限であり、この改善の進歩はそれを止めようとするいかなる力にも左右されず、自然がわれわれに与えた地球の持続期間以外の制限を受けない［…］。植物や動物における種の有機的な改善可能性や退化は自然の一般法則のひとつと見なすことができる」(144)。

こうしてダーウィンはとくに『種の起源』以後誤読されてきた。しかしながら、われわれ人間種を扱った『人間の由来』が一八七一年に出版されて以降、ダーウィンは、とくにレイシズムに反対する立場を鮮明にした。『種の起源』以上に因習破壊的なこの本がもたらした反響は、当時のいくつかの書評に示されている。『エジンバラ・レビュー（*Edinburguh Review*）』には次のように書かれている。「もしこのテーゼが正しければ、思考の革命は目前にある。その革命は社会の深部まで揺さぶり、意識の崇高性や宗教心を破壊するだろう」。なかにはダーウィンは神を「失墜させた！」と書く者までいた。

ニュートンとアインシュタインはともに理神論者である。彼らの物理理論は、自然現象のわかりにくさに由来するのではなく、逆に世界秩序を説明するものとしての神への信仰ときわめて適合的である。アインシュタインがそのことをこう表現している。「私は、人間の運命や行為に関与する神ではなく、存在するものの諧調的秩序としておのずから現れるスピノザの神を信じる」。したがってアインシュタインの神観念は、無知で臆病な信者のそれとはほとんど対極的である。ことほどさように、アインシュタインは「神という言葉は私にとって人間の弱さの産物・表現以外のなにものでもない」と言っている。さらに彼はあるインタビューで次のように答えている。「あなたが神をどう理解しているかを言ってみてください。そうしたら私はあなたを信じるかどうか申し上げましょう」。アインシュタインは、こうした神の定義についての蒙昧と知識との二者択一以外に第三の選択肢を持っていた。それは社会性と道徳性の起源としての神という選択肢である。アインシュタインは神によってつくられた世界における〈悪〉の存在という問題を次のような（いささか簡略にすぎると私には思われる）答えによってかわしている。「神は狡猾ではあるが悪意はない」。実はこの問題はダーウィンが娘の死を前にして信仰を失ったことと関係のある問題なのである。

ダーウィンの進化論が物理学よりも人を混乱させるとしたら、それはこの理論が科学を激変させるだけではないからである。すなわちそれは西洋の宗教や哲学、とくに倫理哲学を改めて問題に付すものなのである。ダーウィンの時代までは、科学は「どのように」という問いに答えるもので、宗教が

「なぜ」という問いに答えるものであった。この二つの競争相手が未来を分かち合っていた。科学が進歩を約束し、宗教が天国を約束していた。ところが、いっさいの目的原因説を否定しつつ「なぜ」という問いに答えるダーウィニズムの登場によって、この両者の「昔からの協調が断ち切られた」(ジャック・モノーの言い回し)。モノーは『偶然と必然』のなかで次のような超然たる結論を下している。「人間はおのれが偶然に出現した世界の巨大な無関心のなかで孤立している。運命や義務はどこにも書き込まれていない。人間は王国と暗闇のあいだで選択しなくてはならないのである」。

イングランド国教会の有名な司教サミュエル・ウィルバーフォースはダーウィニズムを「不道徳な反キリスト教的学説」と形容していた。彼は道徳が何に基づくかをわかっていなかったからである。ダーウィンは『自伝』のなかでこの批判を打破する。彼はこう述べている。「世界を創造することができた神のような豊富な知識と力を持った存在は、われわれのような有限の人間に比べて全能全知である。しかしわれわれはそうした神の作法にも限界がなくはないと仮定せざるをえない。なぜなら、膨大な数の下位の動物のほとんど無限の時間にわたる苦しみに何の意味があるのかと考えざるをえないからである。〈知的第一原因〉〔のちにインテリジェント・デザインとして展開されるもの〕の存在という考えに対立する、世界における苦しみの存在から導き出される考えの古くからある論拠は、私にはたいへん説得力のあるものと思われる。こうした多くの苦しみの存在はすべての生物は自然的変異と選択によって発展してきたという考えと合致するものである」。ダーウィンは友人エイサ・グレイへの一八六〇年の手紙のなかでこのことを次のようにさらに直接的に述べている。「私はわれわれを取り巻く環境のなかに、なんらかの意図とくに寛大な意図の存在の証拠を、ほかの人ほど、そして私が望むほど、十分に見て取ることはできません。この世界にはあまりにも多くの貧困や悲惨が存在するように思われます。慈悲深く全能の神が、毛虫のからだに寄生して栄養を吸い取るヒメバチ〔寄生蜂〕やネズミを捕まえる猫といったような生物を意図的につくったなどと、私はどうしても考えることはできません」。

選択という言葉は、スペンサーがそう望んだように、進化の目的にしたがって進化の選択者を想定させるという、誤解を招く目立つ言葉であるが、ダーウィンはこれを自己充足的な絶対的メカニズムとして描いている。人間の道徳性は慈悲深い神の意志によるものでも進歩的進化によるものでもなく社会進化の偶然的結果であり、どんな別の方向にも向かうものであるという考えである。ダーウィンはこう述べている。「〔もし〕人間が巣箱の蜜蜂と同じ条件で育てられたら、独身の女性は働き蜂と同じように兄弟を殺さねばならないと考え、母親は妊娠した自分の娘を殺そうと考えるだろう。そして誰もそれをやめさせようとは考えないだろう」。

道徳性が神に由来するのでないとしたら、それはどこから来るのだろう？　ダーウィンの考えは次のように要約されている。「人間の道徳感覚は動物界において見られる二つの要素から生まれる。ひとつは、知的・感情的能力の存在。もうひとつは、道徳感覚を醸成する一定の社会的本能の存在である[145]」。

近代の動物行動学はデカルトの〈動物＝機械〉という考えを無効化し、ダーウィンの考えにお墨付きを与えた。動物――とくに社会的哺乳類――における認識的・感情的能力は非常に発達していて、人間のそれにきわめて近い。ダーウィンはこのことを明言している。「自己意識という言葉を自分がどこから来てどこへ行くかといったことを自問する意識と見なすなら、自己意識を持っていない動物は存在しないと断言できる。しかしたとえば優れた記憶力やいくらかの想像力を有している（これは夢を見ることで証明されている）老犬が、昔感じた喜びや、自分が体験した狩りや失望について考えることがあるとは言えないだろう。〔…〕人間の精神的能力が人間よりも劣る動物の精神的能力と格段に異なっているとしても、その精神的能力の性質において両者に違いはない。程度の違いがいかに大きかろうとも、われわれ人間を特別視するわけにはいかない〔…〕。人間と高等動物とのあいだには、精神的能力の具有という点で、いかなる相違も存在しない」。

ダーウィンはウォレス、スペンサー、ヘッケルなどのように迅速・明晰にものを書くのは苦手だったが、並外れた分析能力を有していた。彼はスペンサーやヘッケルとは逆に、五年間にわたる世界旅行の前、最中、そして旅行後も、たくさんの動物の実地観察を行なった。彼は観察した事実に基づいた理論をつくり、現地の友人に別のかたちで観察してもらったり、自分の家で実験したりして、理論の検証を行なった。というのは、ダーウィンは（ファーブル同様）独学の学者で、自分の家や自分の費用で研究をするのが常だったからである。たとえばガラパゴス諸島に滞在したとき、彼は動物には恐れがないことに注目し、自分の過去の経験と照らし合わせて行動の遺伝性を引き出している。「〔鳥たちは〕みんな棒で殺すことができるほどすぐ近くまで近づいてくる。〔…〕こうした鳥たちの人間に対する無関心を説明できるのは、唯一それが遺伝的習性によるものだということである」[146]。ダーウィンは一見こうした取るに足らない観察から社会的行動の進化の法則を導き出す。そしてこれはやがて正しいことが明らかになり通説を再審に付すことになる。

ダーウィンの適切な手法の別の事例を見てみよう。彼は疑問に直面したとき発奮し自分を乗り越えようとする。すでに見たように、ウォレスとダーウィンはともに愛しい存在の死に直面するが、そこからまったく対立的な結論を引き出す。ウォレスは唯心論に逃避するが、ダーウィンは自らの唯物論を急進化するのである。チンパンジーやオランウータンと目があったとき、ヴィクトリア女王はわれわれ人間種との類似性を感じ、われわれが獣性を有していることに恐れおののくが、ダーウィンはこうした類人猿を前にして、われわれは彼らときわめて近しい存在であり、したがってわれわれの優位性は不自然で人為的なものであるという逆の結論を導き出すのである。

社会的本能に関しては、ダーウィンは『人間の由来』のなかでクロポトキンやハミルトンの登場を予告している。つまり彼の理論の論理的帰結として相互扶助や類縁的選択を導き出すことができるのである。ダーウィンはこう述べている。「社会的本能を備えている動物は一緒にいることに喜びを感じ、お互いに危険を知らせあい、かばいあい、さまざまな仕方で助けあう［…］。社会がもたらす喜びの感覚はおそらく類縁関係や親子関係からくる感情の延長であろう。この延長は主に自然選択に帰することができるが、おそらく部分的に習慣にもよるであろう。というのは、社会的に生活することにメリットがある動物においては、集まることに喜びを見いだす個体が危険から最もうまく逃れることができるからである［…］。親の子に対する愛情、また子の親に対する愛情の起源について思索するにはおよばない。なぜならそうした感情が社会的感情の基盤をなしていることは明らかだからである[147]」。

人間における道徳的進化についてのダーウィンの考えは個人ではなく社会集団に基づいており、これはまた集団遺伝学さらには人間の進化についての今日的問いかけを予示するものである。ダーウィンはこう述べている。「同一種族内における各個人あるいはその子どもたちの道徳性の高さが他の人間たちに対する生存優位性を与えることはほとんどあるいはまったくないが、有能な人間の数の増加や道徳性の水準の向上はひとつの種族の他の種族に対する大きな生存優位性を与える」。ここでダーウィンは、ようやく一九七一年になって社会生物学者ロバート・トリヴァース〔一九四三年生、アメリカの進化生物学者。邦訳に『せめぎ合う遺伝子——利己的な遺伝因子の生』藤原晴彦・遠藤圭子訳、共立出版〕が相互的利他行動と命名して描き出した利他行動の一形態を定義してもいるのである。トリヴァースによると、「仲間を助けるとお返しに助けられるということが伝わり、（種族内の）構成員の予想や推論の能力が改善される」ということである。

ダーウィニズムの道徳的射程

苦痛、病気、死、苦悩、飢餓といったものに見舞われているわれわれの動物、仲間、兄弟、耐え難い苦役を強いられているわれわれの奴隷、われわれの気晴らしの同伴者、彼らはわれわれの共通の祖先から生まれており、われわれはみんな結びついているのかもしれない。

チャールズ・ダーウィン『メモ帳』

人間の最も高度な知的・社会的能力の萌芽は動物にも存在するというダーウィンの確言は明白な道徳的含意を有している。ダーウィンはわれわれと動物の関係について最も大胆な意見を有していた古代ギリシャの犬儒《キニク》学派の哲学者たちがディオゲネスの挑発に乗って主張したことを超えて、〔動物と人間の〕この連続的捉え方をとことん推し進める。「どんな動物でも親子愛を含む確固たる社会的本能を備えており、知的能力が人間と同じほどあるいはほとんど同じほど発達すれば、当然のごとく道徳感や責任感といったものを獲得するだろう」。しかしながらダーウィンは、道徳感を人間を他の動物から区別するしるしと見なしてこう述べてもいる。「人間と下等動物のあいだに存在するすべての相違のなかで最も重要なのは道徳感である」。さらにダーウィンは道徳感を人間の特性とも見なしている。「道徳的存在は自らの過去の行ないやその動機について考察し、そのなかのあるものを肯定し他のものを否定したりする能力を有している。そして人間が動物のなかで唯一こうした資質を有しているということは、人間と下等動物とのあいだの最も大きな相違を構成しているのである」。ダーウィンが諸社会間の序列を確定し、われわれの文明を「劣等人種」――当時あたりまえのごとく流布していたこの表現の使用によってダーウィンはしばしばレイシストと見なされたのだが、これは次の文で述べるように誤解である――と区別したのは、こうしたまさに人間のしるしとしての道徳性の観念に基づいてである。ダーウィンは実際にはレイシストとは逆に、反レイシズム的ヒューマニズムの推進者であった。彼の家族や親類も同様に反レイシストであった。ダーウィンはこう述べている。「人間が文明的に進歩するに従って、そして小さな種族が大きな共同体にまとまっていくに従って社会的本能が広がり、各個人は素朴な理性によって、同一民族内のすべての構成員――個人的な知り合いでない者も含めて——に対する共感を持たなくてはならないことに気がつくようになる。ひとたびこの段階が達成されると、すべての民族すべての種族の人間に対する共感が広がっていくことを妨げるのは、ひとえに人間が人為的につくりだす障壁だけである」。

人間の道徳は功利主義的なものである。なぜならダーウィンによると、社会的本能は神の摂理によって現れたものでもなければ、複雑さと優位性を混同したスペンサーの言うような進化の目的として現れたものでもないからである。道徳は単にいくつかの種がおのれの生活様態へ適応しようとして発展したものにすぎない。たとえば皇帝ペンギンは氷原でからだを寄せ合うが（私はアデリー海岸〔南極大陸の一地域〕に十四ケ月滞在して研究したのでこのペンギンをよく知っている）、それは抽象的な社会的本能によるのではなく、南極の寒さと時速三百キロの強風に耐えるためからだを温めているのである。ダーウィンにとって、人間の社会的本能は環境によりよく適応するために教育によって方向づけられた欲動にすぎない。ダーウィンは先天性と後天性を対立的に捉えるのではなく両方に目配りする。人間は子どもに見られるように、あるいは文化の違いによる道徳の多様性を通して見られるように、善と悪を区別する先天的能力を有しているわけではないからだ。道徳は神聖なものではなく、利他行動は集団的利益を求める結果であり、一種のエゴイズムの副産物にほかならない。しかしエゴイズムだからといってその価値は減ずるものではない。ダーウィンはこう言う。「〔こうしたエゴイズムについての見方は〕われわれの本性が有している最も高貴なものの基盤をエゴイズムの安っぽい原理のなかに位置づけるものだという非難は遠ざけなくてはならない。どんな動物にも見られる、自分自身の本能に従うときに感じる満足感、またそれが妨げられたときに感じる無念さはエゴイズムと呼べるのではないだろうか」。

ダーウィンは『人間の由来』のなかでスペンサーやマルサスと明瞭に一線を画している。彼は弱者の放棄や排除を勧めるのではなく、それどころか「痴呆、不具者、病人」を保護する文明を称揚してもいる。ダーウィンはそういうことを書くだけにとどまらず、(妻のように天国を信じているわけではないが)キリスト教的慈愛を日常的に実践していた。さまざまな証言や伝記作家たちも、彼が善意の人であり、家族のなかで良き息子、良き夫、良き父であり、信義に厚い友であったことを一致して認めている。さらに彼は(人間の進化について意見を異にしていたウォレスやフィッツロイに対して示したように)寛大な心の持ち主であり、名誉や金よりも子どもや研究を優先し、自然や動植物を熱烈に愛していた。また彼は血が流れるのを見たくないために、解剖に立ち会いたくないために、患者が泣き叫ぶのを聞きたくないために、医学の道を放棄した極度に敏感な精神の持ち主であった。そして人間の世界だけでなく動物の世界における病苦や苦しみにも心を動かされる人物であった。

ダーウィンは『メモ帳』に冒頭で引用した哀れみの感情を記している(148)。彼はサーカスの犬や馬車馬など動物に対する悪しき扱いに我慢がならなかった。幼犬を矯正したことを長い間悩んだこともあった。また自然史家としての採集を最小限にし狩猟もやめた。『自伝』には次のように書かれている。「未開人の原始的本能は文明化された人間の後天的嗜好にだんだん席を譲っていった」。ダーウィンは実験重視の科学者であったが、娘婿が生体解剖を制限する法律のために活動することを支持し、『タイムズ』にこれを支持する公開書簡を送った。一八七一年ダーウィンはレイ・ランケスター教授(一八四七〜一九二九、イギリスの動物学者)に次のように答えている。「あなたは生体解剖についての私の意見をお求めですね。生体解剖は断罪すべき忌まわしい好奇心によってではなく、正真正銘の病理学的研究のためになら正当化されうるという考えに私は完全に同意します。生体解剖は私に嫌悪感を催させるテーマです。ですから私はこのことについてもう一言も話したくありません。そうしないと夜も眠れなくなるのです」。

進化論、動物行動学、生態学の創始者と見なされているダーウィンはまた、動物倫理学の先駆者とも見なされている[149]。ただし彼は動物の権利擁護の活動家ではなく、この問題について先に引用した意見表明以外には持論を公表することもなかった。そこがモンテーニュ、ダ・ヴィンチ、ヴィクトル・ユゴー、ゾラ、トルストイなどと違うところである。しかし進化論そのものが種差別に反対する客観的根拠を提供するものである。ダーウィンの進化論は、われわれ人間種が他の種に対して上位にあるという考えは科学的与件ではなく主観的判断であり、人間の特性と誤って呼ばれてきたものは動物にも芽生えていることを証明するものである。これは近代動物行動学が確証したことでもある。他方、ダーウィンの日常生活に目をやると、彼が動物の苦痛にきわめて敏感に反応していた事例に事欠かないし、それは社会的行動においても示されている。たとえば近くの農民が飼っていた羊を飢え死にさせたとき、ダーウィンは証拠を集めて裁判に訴えた。もうひとつ興味深い逸話を引くと、息子のフランシスが語っていることだが、あるときダーウィンは興奮した面持ちで散歩から帰ってきた。話を聞くと、ダーウィンは病気の馬を手荒く扱っている御者を見て、常日頃の冷静さを失って激しく口論したという。ニーチェだったらこういう状況で発狂していたかもしれないが、ダーウィンは興奮しただけで収まったということだろう。

彼と最も親しく接した人、つまり彼の妻を信じるなら、ダーウィンは「私が知るかぎり最も開放的で最も透明な人間であり、彼が言う一言一句は彼が本当に思っていること」であった。『自伝』の冒頭でダーウィンは次のように告白している。「私はこの私についての報告を、死んであの世に行って、そこから私自身の生の軌跡を回顧するような仕方で書こうとした〔…〕。私の人生はほとんど終わりかけているので、それがそんなに難しいこととは思わなかった」。彼は情け深くて禁欲的な自分の人生を次のように謙虚に要約している。「私は人生のうち何年かにわたる病気のために、娯楽や気晴しから遠ざけられた〔…〕。私の主要な快楽、私の唯一の関心事は科学的研究であった」。ダーウィンは情緒過多であったため、友人のジョン・ヘンズロー〔一七九六〜一八六一、イギリスの植物学者〕、精神的父であるチャールズ・ライエル、自分の娘などの葬式に立ち会うことはできなかった。このような優しい性格の人物がどうして社会ダーウィニズムや優生学やヒトラーの先祖でありうるだろうか。ダーウィンはこうした中傷に対して前もって応答している。「私は〈火の土地〉〔南米大陸南端のフエゴ諸島〕にいたとき、自然科学を少しでも革新することが私の人生の最良の使い方であると考えたことをおぼえている。私はそれを可能なかぎり行なった。批評家は好きなことを言えばいいが、私のこの確信を突き崩すことはできないだろう」。

しかしながらダーウィンのこうした動物や人間の苦痛に対する敏感このうえない感受性は、彼自身が描こうとした自分の肖像と一致しない。ダーウィンの個性について論じるとき、科学史の説明はいっさいの社会的主張から明瞭に距離をとっているように見えるダーウィンの慎重な言明に依拠しているが、そのような言明は彼が不毛な非難や論争を避けるために張った煙幕だと私は考えている。たとえば国立自然史博物館の教授ギョーム・ルコワントルは、進化論には哲学的メッセージは含まれていないと見なしている。[150] こうした見方をする科学者は社会ダーウィニズムを唱えたスペンサーと同じほど非難にあたいする。私は南極のアデリー海岸における二カ月にわたる研究ミッションでこの教授と部屋を共有していたことがある——彼は魚の研究、私は鳥類と哺乳類の研究であった——が、私は彼のダーウィンに対するこのような見方は絶対に共有しない。われわれ人間を他の種のなかに入れて考えること、あるいは人間の高度な知的・道徳的能力が少なくとも部分的に他の哺乳類にも存在することを受け入れることは、単に科学的含意だけにとどまるものではない。それはまた哲学的・倫理的な含意を有する。ダーウィン自身がダーウィニズムの普及の妨げとなるような論争を回避するためにこのことについて何を言っていようとも、そうなのである。ダーウィンが証明した諸事実は各個人がその価値を判断すればいいことだが、その価値は彼にとっての価値であるだけでなくわれわれにとっての価値でもある。その場合、彼が内心を吐露した私的なメモが証明するように、彼の社会的立場が難しいものであったことを銘記しなくてはならない。こうした私の見解はまたパトリック・トールも共有しており、トールは自分の著書の一冊に『第二ダーウィン革命』というタイトルをつけているが、[151] これはダーウィンだけが自分のものであると主張することができる純然たる科学革命としての第一革命と、ダーウィンに依拠しつつトール自らが主張する第二革命とを区別するためである。

私の立場はリチャード・ドーキンスが『神は妄想である——宗教との訣別』のなかで表明した立場と基本的に同じである。すなわち創造説の否定は宗教に関して中立的でもなければ無害でもないと見なしているということである。しかし私と同じくドーキンスも称賛するダーウィンはその理由をあかさない。なぜなら彼は自らのコミュニケーション戦略と平和主義的気質によって自分が無神論者であると言明することを避けたからである。すでに見たように、ダーウィンは『種の起源』の第二版の結論部に一文を付け加えたが、その一文の付加は自分がほとんどの同時代人と同様に理神論者であることを信じさせるためであった。しかし彼の私的書き物は彼が理神論者ではないことを証明している。全面的に環境に依存する自然選択（説）は運命という観念をいっさい失効させるものであるが、進化論――ならびにその科学的独創性――はそこから倫理的価値を引き出す。これはドーキンスの言うように当然宗教と関わってくるし、私はパトリック・トールとともにそれは道徳にも関わってくると言いたい。

ダーウィンはなぜドーキンスのように無信仰を主張しなかったのか。ダーウィンは進化論の宗教的・道徳的帰結を受け入れさせようとした祖父の試みの失敗から学んで、自分の科学的理論のもたらす社会的影響を警戒したのである。それは必ずしも偽善ではなかった。なぜなら彼が妻や親友たちと良好な関係を保っていたことは彼が信者に対して深い敬愛の念を抱いていたことを示すものだからである。ただし一方でダーウィンは彼らの神の存在への確信を共有してはいなかったということである。ちなみに、ダーウィンほど唯物論的ではなかったアインシュタインが、ある手紙のなかで次のような意想外の寛容さを表明していることを記しておこう。「スピノザの弟子であるわれわれは、われわれの神が〈存在者〉[152]の素晴らしい配置と整合性の中に住まい、その魂は人間や動物のなかに現れていると考えます。個人的な神への信仰に反対すべきかどうかということは別次元の問題です［…］。私はそのようなくわだてには決して加担しません。個人的な信仰は生についてのいっさいの超越論的概念の欠如よりも好ましいと私には思われます。多くの人間の形而上学的欲求を満足させるために、これ以上繊細な手段を提供することはできないと私は思います」。宗教の道徳的価値に対するアインシュタインのこの脱帽は、ダーウィンの慈善的な行為ならびに彼の反教権主義の拒否に合致するものだと私に思われる。

しかしながらダーウィニズムは社会的影響のみならず動物の存在理由に関しても争論を引き起こすものであり、動物を擁護するダーウィンの行為はこの行為が彼の主観的解釈ではないことを表わすものである。彼の取った公的立場がきわめてまれなものであったことにもそれは示されている。倫理哲学者ヒシャム＝ステファヌ・アフェイサ〔一九七二年生、フランスの作家・哲学者〕は最近この問題について次のように述べている。「種差別が、ある特別の種に属していることが一定の道徳的特権を有する十分条件であるという考えに基づいているとすると、種差別に対する批判は動物倫理学においてしかるべき問題いわば当然の話題になるのではないだろうか。それはさまざまな生命形態を結びつける生命の系統樹の系譜学的思考の修正理論から決定的影響を受けているはずである。この系譜学理論は完成された秩序としての生物の階層序列のなかで人間を最高位に位置づけるという人間の表象と断絶している(153)」。

われわれが同じ動物ファミリーの一部をなしていると考えれば、おのれが他の種とは異なった本質を有している（本質主義）とか、上位の本質を有している（「未開人」との関係における自民族中心主義や「動物」との関係における人間中心主義）などと、どうして考え続けることができるだろうか。動物も自分と同じ権利を持っているのではないかと自問することなしに、そういった従兄弟や兄弟を軽蔑したり搾取したり虐待したり食べたりすることが、どうしてできるだろうか。かつて哲学者イマヌエル・カントが、そして今日リュック・フェリー〔一九五一年生、フランスの哲学者・政治家〕が言うように、少なくとも自分自身の尊重や人間的尊厳の尊重の名の下に、たとえ動物が人間と同じような権利を有していなくても、人間は子どもや老人や病人に対して義務を負っているのと同様に、動物に対しても義務を負っていると言わねばならない。

これはダーウィンが日常生活で実践した道徳的立場でもある。同時代人とくに妻の気分を害さないために無神論者でなく不可知論者であろうとした、この用心深い無信仰者は、動物に危害を加える者たちを公然と軽蔑し、路上で御者と言い争ったり羊飼いを法廷で糾弾したりした。ダーウィンはあるインタビューのなかで医学実験を許容すると述べたが、このインタビューを締め括るとき、医学実験のことを思うと耐え難くなり悪夢を見るとも述べた。このことは、彼の心の動きは理性的であるのと同じくらい情緒的であったことを表わしている。ダーウィンはまた、動物擁護の活動家と同じ熱烈さで生体解剖を断罪し、動物実験にシステマティックに訴えるフランスの大生理学者クロード・ベルナール〔一八一三〜一八七八〕に見られるような、動物実験に対する情熱は持ち合わせていなかった。しかしこうした彼の公的立場は、ヴィクトリア朝の社会や彼の家族のなかで、彼の名声にとって無神論よりは危険の少ないものであった。

ともあれこの領域では率直さが重要だと思う。私は大学で免状を得るために必修とされる動物生理学の演習〔解剖〕をやめようとして、その演習に相当する別の科目をつくろうとしてきた。生命科学を専攻する学生が動物の死に加担し、生体解剖を実践しなくてはならないというのは理不尽だと思ったからである。解剖はヴィデオで十分理解できるからでもある。

要するにダーウィンは、面倒な論争を避けるために取り繕った見かけとは裏腹に、実験室に閉じ込もって世界を知らないという類の学者であったわけではない。ギヨーム・ルコワントルの結論に反対することになるが、[154] 進化に関するダーウィン理論（あるいはネオダーウィン理論）はそれ自体が、万有引力の理論や大陸移動説よりも多くの価値を有するものなのである。

第五章　ダーウィン的社会

すべての個人は生物学的要素と環境的要素の相互作用の産物であると私には思われる。その相互作用のなかでそれぞれの要素が占める割合を決めることは、そこに仮に意味があるとしても、たいへん難しいことである。

フランソワ・ジャコブ『マガジンヌ・リテレール』一九九九年三月号

資本主義社会の反映

有機的世界における生存闘争は、工業化時代の初期にマンチェスター学派〔経済的自由主義を唱える十九世紀イギリスの経済学派〕が主張し、生物学に適用された自由競争以外のなにものでもない。当時、生物学的功利主義は支配的イデオロギーに順応していた

ルートヴィヒ・フォン・ベルタランフィ

『生の諸問題（*Les Problèmes de la vie*）』ガリマール、一九六一年

ダーウィニズムは、カール・マルクスのような不実な検閲者にとって（マルクスはダーウィンが彼を敬して遠ざけてからそうなった）、ヴィクトリア朝社会の経済的規範の生物界への適用と見なされていた。

これはダーウィンに対してなされた、社会を生物学的に説明するものだという非難や批判の弁証法的逆転である。この議論の立て方が巧妙なのは、一見不可能な社会科学の生物学への適用が、ダーウィン的原理によって可能になるところにある。かくして進化論は単なる生物学の一理論ではなくなっていく。それは確固たる操作性を有するものとなり、百五十年にわたって幾度も消滅の危機に瀕しながらも生き延びてきた。カール・ポパーによると、マルクス主義や精神分析は検証不可能であるがゆえに科学ではないが、この科学哲学の大家は、ダーウィニズムは正真正銘の科学理論であると（いったんはこれを否定したあとで）認めている。ポパーによると、この理論は外に開かれていて、全体としてではなく無数の特殊ケースにおいて検証可能なものとされる。さらにダーウィニズムは、その後のさまざまな発見によって、とくに一九七〇年以降定着した分子生物学によって、現代的意義を有するものとなっている。後成説の概念革命は、かつてのラマルキズムを部分的に蘇らせる環境（という領域）を取り込むことによって、ダーウィニズムを再活性化している。後世の発見によって改善された進化論は、今日、生物界の機能やわれわれ人間の起源についての唯一自然な説明となっている。

現代の多くの著作家がダーウィン理論のなかに資本主義イデオロギーの根源を求めてきたが、実際にはその動きはもっと以前からある。そこにはヴィクトリア朝時代に開化した長い歴史的伝統があり、スペンサーは一八五〇年に刊行した『国家を無視する権利』〔『政府の適正領域（*The proper Sphere of Government*）』（一八四三年）の仏訳と思われる〕のなかでその根源を描いている。スペンサーなどが科学的に見せかけるために生物学を持ち込んだ自由経済主義は、元をたどれば、社会の基盤としての人間の本性的エゴイズムのテーゼについてはトマス・ホッブズに、そして市場を調整し人間の幸福を保証する自由競争についてはアダム・スミスに依拠していた。スペンサーが描く進歩のイデオロギーの歴史的展望のなかにおいては、進化論は単線的なものであり、人間は動物性と部族主義から出発し、そこから徐々に物質的・知的に解放されていくものとされる。ダーウィンにとってもまた、生物は時間とともに複雑性を増し、種の進化は時間の流れに従うものであるが、しかし進化は錯綜したものであって、単線的でもなければ序列化されてもいない。

ダーウィンは、彼をけなす者たちがしばしば言うように人間を格下げしているわけではない。ダーウィンにとって、動物に対する人間の優越性を示すは証拠はなく、それは価値判断によるしかない。ダーウィンはまた、進化を意味づけすることを避け、「上位とか下位といったことについて話題にしないように注意しよう」と述べている。しかしわれわれが原始的動物とか劣位の脊椎動物あるいは進化の遅れた生物などという表現を使い続けているかぎり、主観性の罠を回避するのは難しい。この三つのカテゴリーは客観的な動物分類としてわれわれ人間種を包含しておらず、したがって人間を特化した序列的な価値判断をもたらす。リンネがわれわれ人間を含む動物群を「霊長類」と名付けたとき、そこに意図がなかったわけではない。つまり霊長類(primate)の語源は一番目(premier)なのである。

リベラリズム(自由主義)とダーウィニズムの結びつきは架空のものではない。『種の起源』がフランス以外の諸国で急速に成功を収めたのは、十九世紀の西洋とくにイギリスを席巻していた好戦的進歩主義による。それはヴィクトリア女王によって一八五一年に最初の万国博覧会が開催された時期であり、一八六五年にアメリカで奴隷制が廃止された時期であり、ヨーロッパや北アメリカで産業が飛躍的に発展した時期であったが、同時に植民地主義による中国への進出と阿片戦争が起きた時期でもある。この征服主義的気運は、「適者生存」の理論として紹介されたダーウィン理論とうまくマッチした。このことがフランス以外の諸国における逆説的な大成功を引き起こしたのである。またこのことは同時に、その論理的帰結として感受された社会ダーウィニズムとダーウィニズムとの混同の存続をも後押しした。ダーウィンは『人間の由来』を書いて社会ダーウィニズムと一線を画したが、そうした趨勢のなかでは耳を傾ける者はほとんどいなかった。

とはいえ、ダーウィンを無条件に支持する者はそれを認めないだろうが、彼が〈競争〉を進化の原動力として持ち込んでいることは、彼にも責任の一端があることを示しているのではないかと私には思われる。ダーウィンの書簡類は彼がスペンサーもスペンサーの思想も評価していないことを証明している。ダーウィンがスペンサーにおける厳密性の欠如と科学的無効性を非難していることに、それは表れている。(155) しかしながらダーウィンはスペンサーの著書に序文を寄せたりして、戦術的にスペンサーを支持している。スペンサーはたしかに優れた伝達者であり、一方でダーウィンの理論を広めたが、他方でダーウィンの理論を歪曲した。ともあれ、こうしたダーウィンの曖昧な立場は、今日もなお論争の元になっているが、清廉な学者ダーウィンが『自伝』のなかで広く世間に受け入れられることとの重要性を吐露していることも指摘しておこう。「私は読者を引きつけることができなかった。これは明らかだ。しかし大事なことは読者を引きつけることに尽きると思う」。ダーウィンは、科学的厳密さをあまり重視しない宣伝者たちにも配慮するという自分自身の二重の動きのために、彼の思想の真面目な普及者と同じように窮地に陥り、科学者の厳密さと宣伝者の平明さを折衷しなくてはならなくなる。実際、ダーウィンは謙虚さと誠実さを理想としていたにもかかわらず、彼が学生のとき彼のことをいずれ「家族の恥」になるだろうと予言した父親の言葉とは裏腹に、社会的に認知されたいという強い欲求を持ち続けていた。それゆえダーウィンはスペンサーやヘッケルの相棒にもなったのだが、ダーウィンの進化論を自分たちの思想に役立てるために吸収したこの二人の普及者に追い越されてしまった。ただし彼らの社会的優位は、そんなにたやすくは理解できないダーウィンの思想と自分たちの思想とを混同することによって成し遂げられたのである。

こうしたダーウィニズムによる社会的支配の正当化は損害をもたらし、今ももたらし続けてもいるが、その責任をダーウィニズムの偏流から公的に一線を画したダーウィンその人に帰すべきであろうか。ダーウィンを最も辛辣に批判するアンドレ・ピショは、ダーウィンはヒトラーでもヒトラーの先駆者でもないことを知りながら、ダーウィンに責任があるとしている。ピショの本のタイトルがそれを示唆している。そのタイトルとは『純粋社会――ダーウィンからヒトラーまで』、および『人種理論の起源を求めて――聖書からダーウィンまで』。ピショは、あるインタビューのなかでも次のように自己正当化している。「ダーウィンは彼の同時代人と同様にレイシスト、セクシスト、奴隷制支持者であった。そのダーウィニズムからあらゆる種類の社会学的・政治学的理論が生まれ、競争、戦争、虐殺などが社会進化の説明原理となった[156]」。これに対して、われわれはまずもって、すでに見てきたように、ダーウィンはほとんどの同時代人よりもはるかに情愛にみちた人物であったと応じておこう。またこうも言っておこう。発明家を、その発明が応用されたものを基準として裁くなら、火薬を発明した中国人――その後別の人間たちが火器を構想しあらゆる戦争で使われるようになった――が、最大の罪人ということになるではないか。

ダーウィンは自分の進化理論が人間に適用されたとき巨大な社会的結果をもたらすであろうことを感知していて、それを恐れて影響を最小限にとどめようとしたのだが、パンドラの箱をあけたことはたしかである。しかしパンドラの箱をあけただけで断罪されなくてはならないのだろうか。消火器を発明したあと、ダーウィンに次のように打ち明けた友人の数学者・機械技師チャールズ・バベッジ〔一七九一～一八七一〕のように行動すべきだったのだろうか。「私はこの発明を公表しない。なんと言われるかわからないからだ。家なんか燃えたらいいんだ」。バベッジはコンピューターの原型の発明者でもあった。この発明も黙っていた方がよかったのだろうか。そうではあるまい。科学と知識の過程は開かれたものであり、それはダーウィニズムをも超えて展開されていくのである。アインシュタインは、彼のつくった公式〔$E=mc^2$〕の社会的帰結として広島に原爆が落とされたあと、配管工になった方がよかったと言った。ダーウィンは二冊の主要著作を書いたあと病気になり、回復するまで時間がかかった。ダーウィンが生物界の自然的説明を公表しなかったとしても、どのみちウォレスがしていただろう。ウォレスはダーウィンにも勝る希に見る道徳的廉潔さを有していたが、しかしこの進化論の共同発見者はダーウィンに匹敵するほどの思考の深さや科学的厳密さを有してはいなかった。したがって人間の起源や自然のなかにおける人間の位置といった問題はそれほど明瞭に提起されなかっただろう。そしてそのためもっと多くの論争が引き起こされることになっただろう。

われわれはこの本の冒頭でアインシュタインとダーウィンを比較した。彼らは世界についてのわれわれの理解の仕方を一変させた。アインシュタインは物理的世界についての、ダーウィンは生物界についての革命的学者であったということだ。二人とも、自然のなかに隠されているメッセージを解読することによって普遍的法則を発見しようという意志につき動かされていた。これはすでにアイザック・ニュートンの目的でもあった。ニュートンは錬金術師として、世界の法則を見えざる神の自己表現と見なし、地上のメカニズムと天上のメカニズム、それまで分離されていた二つの科学を結びつけた。アインシュタインは万有引力の理論に電磁気力を組み込んでこの理論を拡張・改良し、いくつもの知識の領域を結びつける一般相対性理論に到達した。しかしアインシュタインは極小を蓋然的に規定する量子力学を統合することはできなかった。それゆえ一九三〇年代に彼は挫折を認めたが、「私は神が世界を成りゆきに任せているとは思わない」という有名な言葉を吐いた。そしてそれに対してニールス・ボーア[157]が「あなたは何者ですか、アルバート・アインシュタインさん、神がなすべきことを神に向かって言うなんて」と応じたのである。

ダーウィンは、彼自身がなんと言おうと、また彼の伝記作家たちがなんと言おうと、ビュフォンやラマルクのような生物学者の継承者であり、また彼が初期にその説明システムを受け継いで改善しようとしたウィリアム・ペイリーのような神学者の継承者であった。ダーウィンはその後、宗教から科学へ、そして生命科学から人間科学へ移行したのであり、したがって彼の説明が宗教や哲学や道徳を解明するために自然科学からはみだすのは意外なことではない。進化論は経済学や社会学や政治学にも影響が及ぶものでもある。もちろんその適用が危険性を孕むことをダーウィンはよくわかっていて、それゆえ彼は著書のなかでそのことについて公然と語るのを回避したのである。しかしわれわれは彼が内心を吐露した書き物を元にしてそれを吟味することにしたい。

ダーウィン左派

ダーウィニズムの帰結は、遺伝に対して敵対的であるという共通性を有しているさまざまな社会主義を完全に排除するものである。

レオン・A・デュモン『ヘッケルとドイツの進化論』一八七三年

ダーウィンの問いの哲学的延長のなかにおいて、ならびにそれと平行して、進化の原因の追究が二回の世界大戦を経たあとのヨーロッパで再燃した。ナチスの経験は人間の定義を改めて問題に付すことになった。人間の定義は啓蒙の世紀以降議論の余地のないものと思われていたが、ナチスの電撃的経験は当時さまざまな国で開化していた優生学を停止させるとともに、社会ダーウィニズムの限界をあらわにした。

レジスタンス時代の小説家ヴェルコールは、ヒューマニズムが否定されたこの暗い時代がトラウマとなり、『人獣裁判』(158) という作品のなかで、〈ミッシング・リンク〉を前にした学者たちを描いている。それは辺鄙な谷間で新たに発見された人間と猿の中間的な種である。学者たちは、この動物を兄弟と見なすべきか獲物と見なすべきか、と戸惑う。こうした小説的な発想は、背丈一メートルでオレンジのような不釣合いに大きな脳を持ち、一万年前まで生きていた原始人の遺骸がインドネシアのフロレス島で発見されたときには起きなかった。(159) それはともかく、こういった場合、ボリス・シリュルニク

〔一九三七年生、フランスの精神科医・動物行動学者〕のように、「彼らに洗礼を授けるべきか、彼らを食べるべきか」と自問することになるのかもしれない。シリュルニクは『世界の魔力』[160]のなかで、西洋文化を打ち立てた人間と動物の対置を次のように要約している。「われわれは人間と動物の断絶、隔絶といったメタファーを放棄しなくてはならない。そういったメタファーは、言葉を話す者か話さない者か、魂を有している者か有していない者か、洗礼を授けることができる者か料理して食べてもいい者か、といった二者択一をわれわれに強いることになる。こういった悲劇的メタファーが奴隷制度や民族抹殺を引き起こしたのであり、それに引き続いて、生き物の等級の頂点にいる人間が、動物であれ人間であれ、邪魔な存在としての他の地上の生物を破壊したり食べたり排除したりしてもかわまないという恐るべき序列主義が生じたのである」。

人類学者のレヴィ゠ストロース〔一九〇八～二〇〇九〕は、一九五一年『人種と歴史』を刊行し[161]、ゴビノーの人種差別理論を批判する。ユネスコは〈人種差別と闘う国際年〉の一九七一年、レヴィ゠ストロースに民族学的知識の根本原理に立脚した分析――文化の相対性と文化間に序列を設けることの不可能性――を講演するよう依頼する。しかしレヴィ゠ストロースはもっと先までの展望を示す。つまり彼は、人が自分が属している文化に対する愛好を表明することをレイシズムとして告発する道徳的教理を保証することを望まなかった。なぜならレヴィ゠ストロースは、人間の知的・道徳的特殊性を人種（と想定されたもの）の遺伝的遺産のなかに求める教義としてのレイシズムと、あらゆる文化に随伴している素朴な優越感による自民族中心主義とを混同してはならないと考えるからである。したがって一九七一年のこの講演は多文化主義のイデオロギーに賛同しようというものではなかった。

彼はすでに二十年前に多文化主義のイデオロギーの危険性を指摘していた。諸文化が人間の平等性の原理の名においてそれぞれの違いを価値化することを放棄するなら、諸文化は同質的な世界文明という貧弱な道程に入ることになるという危険性である。これはレヴィ＝ストロースの卓見であると言えるだろう。

この講演（「人種と文化」）が引き起こした〈スキャンダル〉（レヴィ＝ストロース自身の言葉）を前にして、レヴィ＝ストロースはあるインタビューのなかで次のようにヒューマニズムの限界を提起している。(162)「私はしばしば反ヒューマニストであると非難されてきましたが、私はそうとは思いません。私が反逆し、その有害性を強く感じているのは、そうした駄目なヒューマニズムです。それは一方でユダヤ＝キリスト教的伝統から、他方でもっと現代に近いルネサンスとデカルト主義から生まれたものです。それは人間を万物の主人、絶対的な君主とする考えです。植民地主義、ファシズム、強制収容所といったわれわれが経験したすべての悲劇は、われわれが数百年前から実践しているいわゆるヒューマニズムと対立したり矛盾したりするものではないと私は感じています。それはむしろそうしたヒューマニズムの自然的延長における出来事であると私は言いたいのです。というのは、人間は生物を、正真正銘人間であると認めたカテゴリーと、人間と非‐人間を区別するモデルに則って下位に位置づけたカテゴリーとに分離したのと同じやり方で、人間という種のなかにも境界線をつくり始めたからです。これは人類を自己破壊に導く正真正銘の原罪です。人間の人間に対する尊重は、人類が人類に固有のものとしておのれに付与する特殊な尊厳のなかにその基盤を求めてはなりません。なぜならその場合、人類の一部が他の者よりもこの尊厳をよりよく体現していると主張することがつねに可能になるからです。むしろ最初から一種の謙虚さを原理として打ち立てなくてはならないでしょう。人間は人間以外のすべての生の形態を尊重することから始めて、人類自身のなかのすべての生の形態を尊重するようにしなくてはならないのです」。これは明らかにダーウィンが到達した哲学的結論と同じである。ただしダーウィンはレヴィ＝ストロースとはまったく違った道筋を通って、つまり人文科学ではなく生命科学を介して、そこに到達したのである。

ここでちょっと余談をはさもう。ダーウィニズムの社会的射程についての議論を続けるなかで、われわれは動物を軽蔑し動物と人間を対置する西洋文化の語彙や概念をいささか軽いのりであやつった。レヴィ＝ストロースがヒューマニズムを告発するように、〈社会〉という言葉も罠である。なぜなら人間だけが社会的存在であるというわけではないからである。これは今から百三十年前、社会学の教授アルフレッド・エスピナス〔一八四四～一九二二〕フランスの社会学者・哲学者〕にとって自明のことであった。エスピナスは今では忘れられた著作家であるが、当時人間と動物を包摂した概論を最初に書いた人物の一人である。[163] もう一つの罠は〈動物〉という言葉である。ミミズから類人猿に至るまで千差万別の二百万もの種を〈人間〉に対置する〈動物〉という言葉は何を意味するのだろう。ミミズはわれわれからきわめて遠い存在であり、類人猿はきわめて近い存在である。しかしこの両者がわれわれ人間種を他の生物界から切り離すために同じカテゴリーに混交的に組み込まれているのである。そこにはわれわれが他の種と根本的に異なるという暗黙の〈本質主義〉の正当化が存在するのではないか。この点に関連して、ひとつのエピソードを挙げておこう。コンラート・ローレンツが、自分の師匠オスカル・ハインロート〔一八七一～一九四五、ドイツの生物学者〕が彼に投げかけた苛立ちを伴った問いを伝えている。「あなたが動物について語るとき、あなたが思い浮かべているのはアメーバなのかチンパンジーなのか、どちらなのか」。ダーウィンやクレマンス・ロワイエの時代には、こういった混乱はなかった。なぜなら今日〈社会的なもの〉と呼ばれているものは当時〈人道的なもの〉と呼ばれていたからである。この方がはるかに正確な呼び方であるが、そういう使い方はもはやなされない。なぜなら〈人道的〉という言葉が別の意味を持つようになったからである。われわれを理解してもらうために、他に言いようがないので、われわれは〈社会的〉という言葉を使わざるをえないが、この言葉はダーウィニズムがわれわれ人間種に関わるものであることを喚起するには不正確で、還元主義的、偏向的でもあることを伝えておきたい。

われわれ人間種にとっての社会的生活の研究を独占しようとする〈社会学〉が、今は消えつつある社会生物学の台頭に眉をひそめたのは驚くにあたらない。社会生物学という分野は、「あらゆる社会の生物学的基盤の研究」と定義される知識分野である。社会生物学が社会科学のなかに一分野として場所を占めようとすることは一種の宣戦布告であるにとどまらず、この研究領域の前史に無理に戻ろうとすることであり、社会科学が自然科学を真似たとき人文科学の難産が始まった時期に戻ろうとすることでもある。新世界［アメリカ］は人口の半分が福音主義者であることから見て古いヨーロッパよりも伝統主義的であるが、同時に、ダーウィンのメッセージが福音主義者以外のより教養を備えた知的階層にずっと以前から受け入れられていることから見て、古いヨーロッパよりも伝統主義的ではないと言える。フランスでこの問題がなかなか提起されなかったのに対して、北アメリカの大学では一九七〇年以来、動物倫理学、環境倫理学、動物哲学、動物の権利などに関する研究講座が開設されている。〈動物の大義〉の運動はダーウィニズムの功利哲学的解釈に原点があり、英語圏諸国で強力な力を持っていて、数年前からフランスでも普及し始めている。〈ヴィーガン〉つまり動物を食べたり革製品を身につけたり動物実験を経た生産物を使うことなどを拒否する人々は、いまや市民権を有しており、流行現象にさえなっている。ピーター・シンガーが書いた『動物の解放』〔戸田清訳、人文書院〕という本は、二百万部を超えるベストセラーになった(164)。奴隷や黒人や女性の解放のための闘いのあと、このプリンストン大学の倫理学の教授のように〈動物の大義〉のために闘う多くの活動家が登場し、動物のための闘いが新たな社会的争点となっている。

人権尊重を掲げるフランスは、現代における動物の権利についての議論において半世紀遅れているが、しかしこの問題はフランスにおいて〈動物機械論論争〉とともにとうの昔に始まっていた。アリストテレスが人間以外の動物も人間には及ばないが魂を持っていると考えたのに対して、デカルトはこれを否定し、なぜなら人間以外の動物はしゃべらないのだから思考しないのである、と主張した。フォントネル〔ベルナール・フォントネル、一六五七〜一七五七。フランスの著述家〕が、デカルトの弟子、オラトリオ会修道士のマルブランシュ〔ニコラ・ド・マルブランシュ、一六三八〜一七一五。フランスの哲学者〕を訪ねたとき、マルブランシュは妊娠していた自分の犬を足蹴にした。フォントネルは犬の悲鳴に心を動かされたが、マルブランシュは「あなたは犬に感覚がないことをご存じないのですか？」と平然と答えた。人間だけが魂を持っていると信じているデカルト主義者であるこの男は、魂のない動物をどう痛めつけてもかまわないと考えていたということだ。これは〈バリャドリッド論争〉〔一五五〇〜五一〕という名で知られている人権についての歴史的議論と少し似ている。コンキスタドールは新世界を征服する権利、スペイン人が来る以前にキリストを知らなかった人々を奴隷にする権利を持っていたのか、という問題である。神学的議論が起き、ドミニコ会修道者、バルトロメオ・デ・ラス・カサス〔一四八四～一五六六。主著『インディアスの破壊についての簡潔な報告』染田秀藤訳、岩波書店〕は発奮して、原住民の権利を復権しようとする。ラス・カサスは当時の神学的基準に反論するかたちで、原住民は魂を持っているのであり、それゆえ兄弟付き合いできる人間であって、殺してよいような動物ではないと主張した。

ピーター・シンガーはまた『ダーウィン左派——進化、協同、政治』という小冊子の著者でもある。(165)彼はほんの六十三ページのこのマニフェストのなかで、われわれに直接的に関わる革新的思想を発信している。そのさわりの部分を引用しておこう。「ダーウィンの思想に関する左派の、理解はできるが残念な誤解は、右派の仮説を受け入れたことである。つまり左派は、ダーウィン的な生存闘争はアルフレッド・テニスン〔一八〇九～一八九二、ヴィクトリア朝時代の詩人〕の忘れ難い表現——「血まみれの鉤と爪たる自然」——の喚起する自然のヴィジョンに対応する、という考えを受け入れたのである。十九世紀のダーウィニズムが左派よりも右派の注目を引いたのは、少なくとも部分的には、当時のダーウィン思想の限界によるものである〔…〕。キリスト教とマルクス主義というきわめて異なった二つのイデオロギーが、ともに人間と動物のあいだの溝を強調し、進化論は人間には適用できないと考えていたことは驚くべきことである。マルクス主義の歴史理論と人間本性の生物学的理解との対立は二十世紀の終わりまで続いた。〔…〕人間本性の可鍛性という考えは左派と右派の連続性にさまざまなヴァリエーションをもたらす。しかしこの考えは事実証明とも関わるもので、証拠を元にして検証されなくてはならないものである。その証拠は歴史学、人類学、動物行動学、進化論などからもたらされるが、イデオロギー的な遮眼帯がそれを視界から隠すことができる。〔…〕人間本性の営みを認識しないことは破局に通じる危険性をもたらす。〔…〕現代のダーウィン思想は、競争と相互的利他行動——これは協同あるいは相互扶助を指示する専門用語である——とを同時に組み込むものである。〔…〕協同社会は競争社会よりも左派の諸価値を尊重する。〔…〕いかなる人間社会も競争と協同への傾向を有していることが証明されている。〔…〕人間という生物は、生まれつき協同的性格を有している。では、左派はなぜ生物学的な行動理論にあまり注意を払わず、右派がダーウィニズムと〈生存闘争〉を掲げることになったのだろうか？」。

生物学の助けなくしては人間本性の謎を解くことができないことの好例は、母性本能に見られる。ダーウィンは、この〈本能〉はわれわれ人間種だけでなく動物の雌にも共通して見られることがよくわかっていた。彼は『人間の由来』のなかに、「行動の原動力は人間でも動物でも同じであることをどうして疑うことができようか」と書いている。しかしエリザベット・バダンテールは、『プラス・ラブ——母性本能という神話の終焉[166]』のなかで、母性本能をもっぱら文化的行動であると見なしている。ところが常識的にはそれは生物学的衝動であり、内分泌学で確証されていることでもある。他方アメリカの社会生物学者サラ・ハーディ〔一九四六年生〕は、『女性は進化しなかったか[167]』という、ダーウィンの男性優位思想を粉砕する本を刊行したが、そのなかで女性を「競争意識が高く〔…〕性的コンプレックスのない個人」として描いている。しかし彼女はこの本の刊行後、『マザーネイチャー——「母親」はいかにヒトを進化させたか[168]』という本を書き、現代の遺伝学とくに後成説においては、遺伝子と環境は互いに排除しあわずに組み合わされるものであり、したがって母性本能はもっぱら〈社会的に構成されるもの〉というわけではないことを喚起している。

生物学の人類学への適用でもっと突っ込んだ議論の余地がある例として挙げられるのは、われわれ人間の性的結合はどういったタイプのものかという問題である。「孔雀の尾を見ると病気になりそうだ」とダーウィンは冗談めかして言った。そんなに長大で重たい扇状の羽根はまったく無用で有害でもあるのではないか、というわけだ。ダーウィンはこの装飾物が自然選択に由来するものではないことを意識して、性的競争という自然選択の相補的メカニズムを提案する。今日、孔雀の尾は、雌を誘惑しようとする雄どうしの対抗によって説明されている。また巨大なゾウアザラシが百頭もの雌に取り巻かれてハーレムのなかに君臨していたり、マンドリルのボスが極彩色であったり、「一夫多妻」のすべての種についても、同様の説明が成り立つ。この説明は機能するが、しかしそこから、アメリカの人類学者たちが主張したように、人間はより大きくより筋肉質で髭を生やしてもいるのだから、「一夫多妻」はわれわれ人間種についても自然であると結論することができるだろうか。フェミニストの大学教授ジョーン・ローガーデン〔一九四六年生、アメリカの生態学者〕は、もちろんこの仮説だけでなく、性的競争をも批判している。[169] この行動生態学（これは論争や誤解を避けるために社会生物学につけられた新しい名称である）の教授は、生物学を起点として——したがってフランスにおけるのとは真逆の仕方で——〈ジェンダー研究〉[170]にアプローチし、生物学と社会学の結合はフランスで考えられているように必ずしも反動的ではないことを明らかにしている。北アメリカの研究者たちは、同性愛が自然であることを証明するために動物界における同性のカップルの存在の一覧表を作成している。私自身もフィールドワークの共同研究を国際雑誌に公表している。たとえば、オウサマペンギンでは雄どうしのカップルが頻繁に見られ、(171)皇帝ペンギンでは雌どうしのカップルが頻繁に見られる(172)という現象である。こういった現象は性的嗜好によるのではなく、それぞれの種の生活条件に応じて異性の個体数が不足することによるのである。つまり構造的理由ではなく状況的理由によるのである。ダーウィニズムを人間に適用するときにいつも起きることだが、各陣営は生物学的情報を仕入れて、おのれの人類学的テーゼにとって好都合な議論を組み立てようとする。しかし、あるひとつの種についての情報を他の種にあてはめること、とくにわれわれ人間種にあてはめることは、つねに微妙な問題を孕むことになる。

フランスでは進化論の普及が半世紀遅れたが、『人及び動物の表情について』のダーウィンを引き継ぐ動物哲学が、いま新たな突破口を開きつつある。動物倫理学、動物の権利、環境哲学などがようやく、少なくとも出版の世界で出現している。(173)クロポトキンが実現したダーウィニズムと社会主義の架橋は、ピーター・シンガーの〈ダーウィン左派〉によって現代化され、フランスにも影響が及び始めている。（先に触れた）先天性と後天性の議論でニコラ・サルコジに対して単純に反論したミシェル・オンフレは見かけよりも評価に値する。オンフレの二〇〇八年三月の月報（ブログ）は〈ダーウィン左派のために〉と題されている。彼はこの月報を事情通としての才能を示す次のような要約で締め括っている。「ダーウィンの失われた名誉を回復しよう。ダーウィンを、リベラル（自由主義者）、レイシスト、優生学者、植民地主義者、帝国主義者などの爪から引き剝がさなくてはならない。彼らはおのれの低劣な営為を正当化するためにこの科学者の発見を横領したのである。右派のこの歪曲に抗して、連帯を可能にする哺乳類の人間性を称揚したダーウィンを教えよう。それは相互扶助、相互教育の能力を備えた人間性であり、共和国（公共のもの、という語源的意味における）の感覚を生まれつき有する人間性である。要するに左派の綱領の基盤となる人間性である」。

ダーウィンは右派か？

左派は人間本性のダーウィン的理解を受け入れることができるだろうか？
ピーター・シンガー『ダーウィン左派』一九九九年

私はこの本の冒頭で、ディエゴ・リベラが『十字路の人物』という大フレスコ画のなかで、彼にとっての主要な偉人たちの隊列の右端にダーウィンを置いたことを指摘した。この挿話を以下のように補足しておこう。このフレスコ画の制作の注文者は、自分がニューヨークに建設したばかりの大商業センターの大ホールのなかにこのフレスコ画を設置したいと望んだ。この人物ネルソン・ロックフェラーは石油事業で富をなし、ハーバート・スペンサーを新世界に華々しく呼び込んだジョン・ロックフェラーの孫である。ネルソン・ロックフェラーはアメリカの副大統領として、また確信的な反共産主義者として知られた人物であり、それゆえ彼はリベラに、ダーウィンの肖像ではなく反対側のマルクス主義の大思想家たちの真ん中に描かれていたレーニンの肖像を削除することを要求した。ディエゴ・リベラはこれを拒否しフレスコ画は破壊された。しかしリベラの妻のフリーダ・カーロがこのフレスコ画の写真を撮っていて、それを元にしてこの画のコピーがつくられ、世界を導く二つの対立的イデロギーを描いたこの画がメキシコの美術館に置かれているのである。この善悪二元論的配置は、おそらくソ連時代の共産主義活動家の単純な世界像を反映しているのであろう。ダーウィンは社会ダーウィニズムと混同されているのである。しかしながらこの世界像は、清廉な人物としての科学者ダーウィンと彼の科学理論——この科学理論はダーウィンが望むと望まざるとにかかわらず大きなイデオロギー的・社会的影響を有するものである——との混同がいかに安直に行なわれるかを表わしている。

ダーウィンは社会ダーウィニズム的流れからできるかぎり距離を取ろうとしたが、その起源が彼にあるのと彼の知名度の高さゆえに、この流れに〈社会的〉に参画《アンガジェ》した人間として一蓮托生と見なされた。彼の現実政治との関係はほんのわずかであり、しかもそれはなによりも家族関係に由来するものだった。ダーウィンは文化的に〈ホイッグ党〉つまり〈自由党〉の流れに属していて、この党は今は逆に右派になっているが、当時は大まかに言って左派に分類できる流れである。しかしダーウィンの左派性はウォレスの左派性と同じではなかった。ダーウィンの家は裕福で、科学、経済、政治に深く組み込まれており、産業の発展にも大いに関与していた。それに対してウォレスは貧しい家の出であり、彼自身社会闘争に参加した。ダーウィンは名家出身の自由主義ブルジョワであったが、そういう曖昧性は彼にかぎったことではない。たとえばエンゲルスは実業家であったが、革命家マルクスの後援者でもあった。それに対してスペンサーは逆にはっきりと〈トーリー党〉——今日〈保守党〉と呼ばれるもの——に属していた。それゆえスペンサーの社会ダーウィニズムは議論の余地なく右派の思想なのである。

民主主義社会でしだいに定着した右派と左派という分離は、歴史的には周知のごとく、フランスの王——つまり君主制の伝統——を支持し国民議会で右側の席に陣取った民衆の代表と、進歩と社会改革を支持し左側の席に陣取った民衆の代表との分離に由来する。右派と左派の定義は政治的立場（労働者主義／自由主義、共和主義／民主主義）ならびにその時々の政治的優先課題に応じて変動する。現在の左派は歴史上の左派と非常に異なっていて、ジャン＝クロード・ミシェア〔一九五〇年生、フランスの哲学者〕などの批評家によると、もはやその名にふさわしくないと見なされている。[174] しかしこの二極分離体制は、その善悪二元論的性質にもかかわらず（あるいはそれゆえに）民主主義を標榜する諸国で定着した。そこでは、議論の余地はおおいにあるが、右派は一般に、伝統、理性、現実主義、物質的・個人的特権、財政管理、良かれ悪しかれエゴイズムといったもの——要するに競争——を代表しており、左派は大雑把に言って、進歩、心、理想主義、社会的援助、相互扶助、利他行動といったもの——要するに協同的精神——に与する。政治と経済は、われわれがダーウィン（むしろスペンサー）とクロトポキンを対置して描いたような、二面性を持つ生物学を模倣しているのであろうか。

ダーウィンの熱烈な弟子たちは最近までダーウィンのものの見方をあまりにも狭く捉えてきたので、社会主義者は攻撃性に依拠した社会進化を否定的に捉えてきた。しかし実際には、ダーウィンが示唆し、トマス・ハクスリーが書いているように、進化論は時とともに力ではなく権利を重視するようになった。「自然は道徳的でもなければ不道徳的でもない。自然は道徳とは無関係である」。しかし社会主義者は他方で、自然にはつねに自然的エゴイズムと拮抗する利他行動への自然的傾向があると仮定していた。ダーウィンによると、そして最近ではフランス・ド・ヴァールによると、こうした連帯志向をきわめて社会性に富んだ種（人間や狼）のなかに見いだすことができる。ただしこうした種は哺乳類のなかの二パーセントを占めているにすぎない。

しかしながらこうした二元性のなかにおいて、非宗教的教理がしばしば主張するように、必ずしも自然が右派的で文化が左派的なわけではない。この二つの世界像を対置することも必要不可欠なことではない。その関係は相互排除的でもなければ二者択一的でもない。そうした発想は便利なレトリックあるいは安直な党派性にすぎない。自然と文化は思想になる以前は否定することができない現実であり、文化と人間は生まれるべくして生まれた自然的存在なのだから、自然と文化は両立させなくてはならないものである。この自然／文化の単純な対置は、われわれがすでに見たように、動物行動学においては乗り越えられている。われわれはそのことを先天性と後天性についての議論における言及のなかですでに指摘した。つまり現代生物学では遺伝子と環境の相互作用が重視されているのである。

ローレンツ以前にノーベル生理学・医学賞を授賞した、遺伝学者で左派の活動家のフランソワ・ジャコブ〔一九二〇〜二〇一三〕は、この根本的かつ微妙な問題を次のように論じている。「進化論の社会的視点からの活用の問題は、つねに右派的か左派的かという同じ議論の繰り返しである。社会を自然に結びつけようとする反動的思想と、そう望まない人々の思想との対立である。遺伝か環境かというつねに同じことの繰り返しである。〔…〕前世紀〔十九世紀〕の終わりごろから、何も変えたくない右派は、何も変えてはならないという考えを自然に帰着させようとした。〔…〕人間について語らないかぎり、社会生物学は完全に理にかなっている。蟻の研究だけにとどまっているなら、それはたいへんけっこうなことである。しかし人間に目を向けると、それはあやういものとなる。〔…〕今後おもしろくなると思われるのはゲノムである。というのは、ゲノムはやがてどちらをも併せ持つことが知られるだろうと予想されるからである。ゲノムは「ポリティカル・コレクトネス」ではない。ゲノムはわれわれに意外性をもたらす要素を孕んでいる。ゲノムは、これを利用する者がいるかもしれないという口実でモデル化が禁じられるとは思われない。科学的思考が情念を左右するのではない。そうではなくて、情念がおのれの思想を強化するために科学を利用するのである。〔…〕われわれはこの問題をつきつめる手段をそう短時間では持ちえないだろう。しかしこの問題はいずれ、いま考えられているよりもはるかに明確な姿で立ち現れてくるだろう(175)」。

実際われわれは、利己的行動と利他的行動が、高度に社会的な種において共存し補いあっていることを生物学的に確認している。今日、競争と協同は動物行動学において社会進化の推進力であり、したがって二つとも有益であり相互補完的であると見なされている。このことは生物学では受け入れられているが、経済学ではそうではない。経済学は一般に競争に基づいた社会像に依拠している。社会主義者クロポトキンが、相互扶助に基づいているがゆえにポジティヴに評価した進化論のイメージは、われわれの社会ではますます脅かされている。かつての最も過激な資本主義を受け継ぐ現在の経済主義は、相互扶助を最小限に切り縮めて（今日相互扶助はもっぱら家族の次元に追いやられている）競争を優遇しており、そのため競争は容易に数量化されて商業や戦争を機能させている。ダーウィンの時代の意味においてではなく、現在の新自由主義的・反ヒューマニズム的な意味における、こうした自由主義的展望の根底には、集団の長期的利益ではなく個人の短期的利益の擁護に立脚した不安定な人間社会観が横たわっている。戯画的に言うと、個人の短期的利益の擁護は〈右派〉に属し、集団の長期的利益の擁護はかつての有徳な左派に属している。しかしながらダーウィンが、その覚めたブルジョワ的社会観のなかで微妙に表現したように、重要なのは二つの陣営を対置してどちらかを選択することと、たとえば資本主義から共産主義に移行することではなくて、この二つの対立勢力の相互補完的な均衡を見つけること、競争と協同の均衡を図ることであり、そうやって人間を含むエコシステムと諸社会を諧調的に機能させることであろう。

すでに幾度も述べたように、ダーウィニズムとその社会的偏流は混同されてきた歴史があるが、ピーター・シンガーが指摘しているように、これを取り込もうというくわだてはもっぱら競争つまり資本主義の支持者と右派思想の側からなされてきた[176]。右派はおのれの思想をダーウィンとくにダーウィンの熱烈な弟子たちの競争理論に実に巧妙に適合させ、不平等、強者の権利、社会的支配の正当化といったものに依拠したイデオロギー、つまり新自由主義に役立つようにした。フランスでは今日もなお、とくに左派の人々のあいだで、ダーウィンは右派として色分けされている。これは誤りだと私には思われる。なぜならダーウィンは〈ホイッグ党〉だからである。ヴィクトリア朝におけるこの党の進歩主義者たちは〈リベラル〉と形容されていた。つまり現在におけるこの言葉の意味とは逆なのであり、〈ホイッグ党〉は王権や英国国教会と結びついていた地主貴族に由来する保守的な〈トーリー党〉

のライバルであった。〈リベラル〉という言葉のこの二つの意味の混同、あるいはダーウィンの言う競争と〈右派〉との混同は理解できないわけではない。なぜならすでに見たように、〈競争〉という現象は自然のなかにおいて、われわれの産業社会において、そしてダーウィンの著作のなかにおいても、〈協同〉という現象よりもはるかに明らかに示されているからである。しかしにもかかわらず、この二つは共存しているのである。

ダーウィンは右派であったのか左派であったのか？ 通り一遍の価値しか持たないこの単純素朴な問いに答えねばならないとしたら、ダーウィニズムは社会主義的と言っていいほど社会的である、と私は答えたい。ダーウィンは『人間の由来』のなかで社会ダーウィニズムに対して公然と反対の立場を表明している。そしてクロポトキンは、狭隘に解釈されたダーウィンの競争の概念を、〈ダーウィンの著作のなかに萌芽が見られる〉協同の概念で補完した。これはピーター・シンガーが〈ダーウィン左派〉と形容する社会主義的プロジェクトを提案するためであった。

したがってはっきり言うなら、ダーウィンは、右派や左派のなかにそう主張する者がいるけれども、必ずしも右派であるとは思われない。のみならず、左派はダーウィンを無視したり批判したりしてきたが、進化論の父は左派によって持ち上げられても当然の正当性を有している。このヴィクトリア朝の自由主義ブルジョワジーが生み落とした学者の著作は、次のような『ビーグル号航海記』の一節が示すように、確実に左派の思想の圏内に属しているのである。「奴隷の置かれた状況をわが国の貧農の置かれた状況になぞらえて、奴隷制を許容しようとする理屈が立てられてきた。しかしわが国の貧民の貧窮が自然法則によってではなく制度によって引き起こされたものであると考えるなら、われわれは大きな罪を背負っていると言わねばならない」。

人間は、共産主義諸国のみならず新世界においても素朴に信じ込まれていたように、教育によって一から造形できるような単純な存在ではない。人間は自由主義の経済学者や哲学者が示唆するような生まれつき攻撃性を持った利己的で悪をなす存在でもなければ、素朴な利他行動的存在あるいはルソー主義者や社会主義者が描くような〈善良な野蛮人〉でもない。システマティックに対置された競争と協同という言葉は、人間社会においても動物社会においても排除しあうものではない。このことはクロポトキンやハミルトンが、そしておずおずとではあるがダーウィンも主張したことであり、この二つの力は一つの社会進化の二つの相貌を構成するものとして、本来相互補完的に機能するものである。しかし現実には、高度に社会的でありつつ、このうちの一方の力を優先した種である人間はその経済的・生態学的《エコロジー》生成において、この二つの本能を必要に応じて使い分けヨーロッパや北アメリカで増え始めている狼よりも、もっと生存の危機にさらされているのである。実際、われわれの利他的欲動は文化的浸食作用によってしだいに発動しなくなり、むしろわれわれの奥深くにある利己的欲動が消費社会によって活性化している。エンゲルスはすでに一八四五年に次のように書いている。「各個人が他者のなかに自分の道から取り除かなくてはならない敵を見ており、他人を敵とまではいかなくてもせいぜい自分の目的を達成するために利用すべき手段としか見なしていない。一連の犯罪が証明しているこうした戦争は年々より激しくなり、より感情的、より冷酷になっている」(177)。

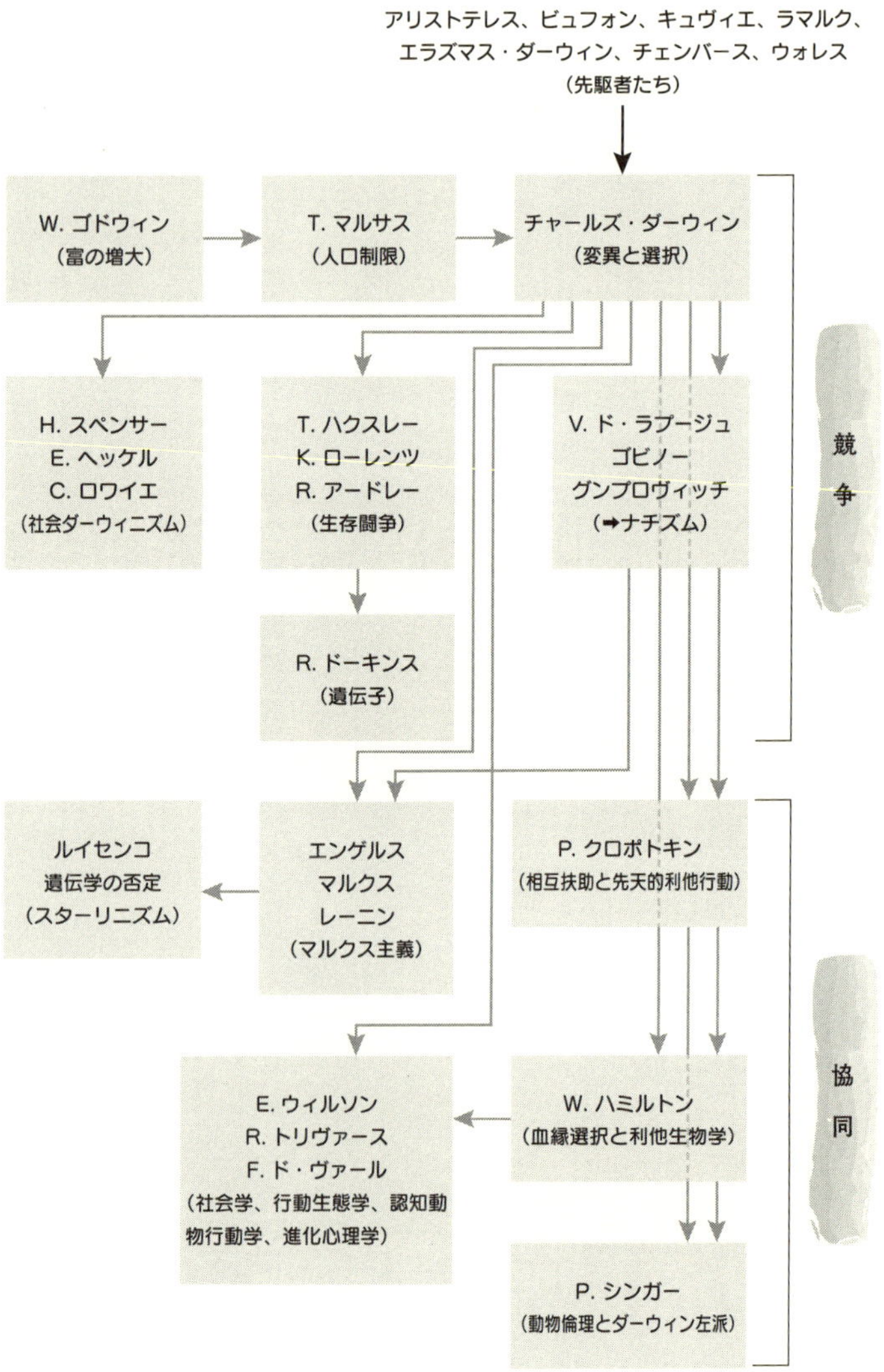

アリストテレス、ビュフォン、キュヴィエ、ラマルク、
エラズマス・ダーウィン、チェンバース、ウォレス
（先駆者たち）
W. ゴドウィン
（富の増大）
T. マルサス
（人口制限）
チャールズ・ダーウィン
（変異と選択）
H. スペンサー
E. ヘッケル
C. ロワイエ
（社会ダーウィニズム）
T. ハクスレー
K. ローレンツ
R. アードレー
（生存闘争）
V. ド・ラプージュ
ゴビノー
グンプロヴィッチ
（➡ナチズム）
競争
R. ドーキンス
（遺伝子）
ルイセンコ
遺伝学の否定
（スターリニズム）
エンゲルス
マルクス
レーニン
（マルクス主義）
P. クロポトキン
（相互扶助と先天的利他行動）
E. ウィルソン
R. トリヴァース
F. ド・ヴァール
（社会学、行動生態学、認知動物行動学、進化心理学）
W. ハミルトン
（血縁選択と利他生物学）
協同
P. シンガー
（動物倫理とダーウィン左派）

人間的例外とは何か

狼は、人文科学創設の神話のひとつ、つまり社会は人間の発明であり文化と象徴的秩序に依拠するという神話を否認する確かな反証をもたらす。

ジャン＝フランソワ・ドルチエ『人間、この奇妙な動物（*L'Homme, cet étrage animal*）』シアンス・ユメーヌ、二〇一二年、三〇五頁

『人間の由来』は当時としてはきわめて（おそらくあまりにも）先進的な位置を占めているが、それはこの著作が人間本性の最も難解な謎にアプローチしているからである。そしてそれは同時に、前著『種の起源』の直接的延長線の上に立って、知性、言語、道徳、さらには利他行動といったような超越的に見えるものを自然のメカニズムによって説明しようとしたからである。哲学的唯物論の弱点は道徳を否定的に捉えざるをえないところにあるが、それに対してダーウィニズムはこの袋小路からの脱出を可能にする。なぜならダーウィニズムにおいては、道徳は動物としての生得的起源に由来するものだからである。哲学者であると同時に動物学者でもあった、したがって人間の科学と生命の科学に通じていたアリストテレスと同様に、ダーウィンは二重の相貌を有している。すなわちダーウィンにおいては、種の出現を自然に則って説明する学者の背後に、哲学者・人間探究家としての相貌が隠されている。ダーウィンはそういう哲学的モラリストとして自己規定してはいないが、われわれ人間

種における知性や意識の例外的発展を宗教に訴えずに説明しようとしているのである。

ダーウィニズムは、人間の本質、自然のシステム、神の位置といった根本的議論との関わりにおいて、明らかに社会的含意を有している。ダーウィンは反教権主義あるいは無神論といったものをいっさい回避しようとしたが、実際には確信した唯物論者であり、その証拠に若い頃の手帳に次のように記している。「精神は身体の一機能以外のなにものでもない」。そして彼は科学的探究を通してますます唯物論的になっていく。しかしながら彼は、およそあらゆる唯心論者が主張する〈人間的例外〉を理解する仕事の難しさがわかっていて、次のようにその挫折を告白している。「おそらく乗り越えがたいひとつの困難がある。それは人間が到達した知的・道徳的水準の高さをどう理解したらいいのかという問題である[178]」。生き物の世界そして当然にも人間なるものをどう説明したらいいのかという問いに生涯を費やしたこの天才的理論家は、自分の証明のなかに一つの欠落があることを感じていた。すなわちダーウィンは、生物はいくら複雑でも自然選択の結果であることを示すことができたが、われわれ人間種がかくも高い意識水準に達することができたのはなぜなのかを示すことはできなかったのだ。われわれ人間種について進化の偶然性を信じることを拒否することは、今日インテリジェント・デザインに対する批判の核心に位置する問題であり最も重要な点である（と私には思われる）が、ダーウィニズムはその論証ができなかったからである。

一八六九年にダーウィンとウォレスの大いなる対立が起きたことを思い出そう。ウォレスはわれわれ人間種と他の種に同じ法則を当てはめることはできないと主張する。「人間はある下等動物の形態から生まれたのではあるが、［…］自然選択に加わった別の力の作用によって、ある特殊な仕方で変化したのである」。ウォレスはわれわれ人間種の進化を説明するために交霊思想に訴え、未知の自然法則の力を仮定するが、これにはダーウィンや同僚たちは眉をひそめる。進化の共同発見者であり、生物地理学の父祖であり、またその後正しいことが明らかになった多くの考えの生みの親でもあったアルフレッド・ラッセル・ウォレスは飛び抜けた研究者的嗅覚を有していた。彼はダーウィンとはちがって、世論は気にかけない性格で、当時科学的論証のないまま議論を呼んでいた大胆きわまりない仮説を果敢に主張したりした。この未知の自然法則にかかわるウォレスの問いかけもその一例であり、今日、知識の最前線はこのウォレスの最終的問いかけの方向に向かっているように私には思われる。すなわち、動物界のなかでなぜわれわれ人間種だけがこれほどにまで認識的、言語的、社会的、文化的、道徳的な能力を推し進めることができる〈特異な存在〉として出現したか、これをどう理解するかという問題であり、われわれはこの問いに当然にも頭を悩ませているのである。

今日分子生物学者は、すべての生き物は唯一の祖先から生まれ、したがってダーウィンが彼の生きた時代に大胆に示唆したように、われわれは同じ動物家族の構成員であることを確証している。近年、先史学者や古人類学者が、人間は旧石器時代に一貫して狩猟採集家族集団として暮らしたこと、赤道森林地帯のピグミー、カラハリ砂漠のブッシュマン、あるいはアンダマン諸島のネグリトなどはその名残りであることを発見した[179]。これらの社会では、女が採集や漁を行ない男が狩猟を行なったのであり、したがってわれわれ人間種は獲物の集団的捕食者という生態的地位を占めていたのである。こうした人間の生活様式は二百五十万年続き、そのうち最後の二十万年が現在の人間であるということだ。考古学者は、農業と牧畜を開始した新石器時代革命はわずか一万年前のことで、しかもそれは人間の祖先のたった〇・四パーセントか〇・五パーセントにあてはまることにすぎないとしている。こうした二百五十万年以上続いた生活儀式は今ではわれわれの社会で見ることができないが、われわれは長年にわたる人間としての存在においてほとんどつねに、ピーター・シンガーの表現を借りると「生来の協力者」としての生活様式によって形作られたということである。自分よりも何倍、何十倍も大きな動物を見つけ、追いつめ、打ち倒すためには、巧妙に近づき攻撃する洗練された技術、狩猟者どうしのあいだの助け合いと連携の行動が必要とされた。

　獲物から捕食者への人間の大きな転換は百五十万年から二百万年ほど前にアフリカで起きたと思われる。そのときわれわれの先祖たる〈ホモエレクトゥス〉は、裁断したり削ったりした石や木の枝でつくった武器を操って、大型の肉食動物に対抗し捕まえることができるようになった。古生物学者によると、この時期大型の肉食動物がたくさん姿を消すが、マディソンのウィスコンシン大学の人類学者ヘンリー・バンによると、われわれの祖先の食生活に肉が増えるのもこの時期である[180]。

　今日、教養のあるすべての人が知っているように、おそらく人間は霊長類である。しかしわれわれ人間の特殊性を理解するのに遺伝学上の近接性しか考慮しないのは誤りであろう。人間は生態学《エコロジー》的次元ではまったく特異な霊長類である。なぜならわれわれは種として集団的狩猟という生活様式を採用した唯一無二の動物集団だからである。おそらくチンパンジー、マカック、ヒヒ（バブーン）なども、そうした生活様式を実践することはあるだろう。しかし連携や獲物の分け方においては、人間のようなことはほとんどしない。しかしながら、ダーウィンやローレンツの比較方法論に依拠して考えると、動物界のなかには人間以外にも相互扶助を営む種が存在する。それは狼のような社会性肉食動物である。ダイアン・フォッシー〔一九三二〜一九八五、アメリカの霊長類学者〕に先んじてゴリラを観察し、その後大型の肉食動物の研究に移行したアメリカの生物学者ジョージ・シャラー〔一九五三年生〕は、一九七三年、人間は社会性肉食動物の生活様式に適応した唯一の霊長類であるという説――ヨーロッパでは注目されずほとんど知られていない説――を展開した。しかしシャラーよりも以前の一九六五年に、オランダの霊長類学者アドリアン・コルトラント〔一九一八〜二〇〇九〕が次のように書いている。[181]「人間を生物学的に人間たらしめているのは、霊長類の典型的特徴と肉食動物の典型的特徴との（人間以外に例のない）結合である」。この行動的な社会性肉食動物の生態的地位は、ひとつの種の複数の個体が、ひとりでは捕えることができない大型の獲物を捕獲するために協力するときに生まれる。狼は身近に大型の草食動物しかいなくなる北極の冬を生き延びるため、広大な氷原を歩き回り、自分よりも十倍も大きな獲物を食べようとする。先史時代人が大型動物《メガファウナ》に未使用のタンパク質が潜んでいることを発見して大型動物は絶滅し、人類はアフリカを出て、ユーラシア、北米、オーストラリア、マダガスカル、ニュージーランドに住み着く。古生物学者はこの人類の到着直後にすべての大陸で大型の草食動物や肉食動物が姿を消したと指摘している。

この集団的狩猟への順応は形態学的な変化はほとんどもたらさなかったが、複雑かつ奥深い動物行動学的な順応をもたらした。[182]たとえばわれわれ人間種は、動物を追いつめるために姿勢を正して長時間歩き遠くを見ることができなくてはならなかった。これが独自の運動機能様式をもたらす直立歩行の所以である。アフリカで発祥した人間は体毛を失い汗腺が発達したが、これは暑い気候のなかで歩き通すためである。最も聡明な諸個人はよりよく栄養補給をして子孫を残したが、それは彼らが動物の足跡をうまく見つけ、最良の罠や戦術を実践し、最良の武器をつくり、獲物の行動を予見するといったことができたからである。それゆえ二百万年で脳が急速に大きくなり、驚くべき観察能力を持つようになったのである。これは生き残った狩猟民において確証されている。また岩壁に描かれた絵もこれを証明している。その当時、動物の行動を研究することは生き延びるためにどうしても必要だったのである。そのうえに、猟師のあいだの連携、協力、上下関係、集団内の他者との共感や助け合いなどが必要とされた。

したがってわれわれ人間種は、奇妙なことに生態学的には霊長類ではなく、狼のような社会性肉食動物に最も近いのである。狼はこうした大きな獲物を群れで追いつめるという生活様式にわれわれの祖先以上に適応することができたが、ただしそれは別のやり方よってである。言うまでもなく狼はすべてのイヌ科の動物同様四つ足であるが、これは二足歩行よりも有効であった。狼は獲物を追いつめるとき息をきらしながら体温を調節することができた。温帯から寒帯に住む狼は、その毛並みが役に立った。人間の発祥は暑い地域であり、そのため体毛が邪魔になって無くなり、その後ユーラシア、北米などに住み着くために皮の服を発明しなくてはならなかった。われわれは世界を征服するために、狼のように生まれながらの適応ではなく、文化的イノベーションを必要としたのである。他の種では見られない水準にまで達したこの行動的特徴は、鋭い爪や嗅覚を備え高速で走る肉食動物に対するわれわれの弱点を補うことを可能にした。人間はまた、他の霊長類には見られない社会的連帯や相互調整を可能にする複雑な言語を発達させるところとなった。

ダーウィンが理解し、今ではすべての知識層が知っているように、われわれ人間は遺伝子的にはチンパンジーとほとんど変わらず、その違いは種類の違うショウジョウバエのあいだの違いよりも小さい。しかし動物界におけるわれわれの独自の位置を説明するためにはそれでは不十分で、人間方程式のなかの未知のものを見つけなくてはならない。ペイリー、ウォレス、そして創造説の信奉者たちは必ずしも狭隘な唯心論者ではなく、唯物論者や自由思想家が指弾するような、反理性の信仰や反科学の宗教の体現者ではない。彼らはダーウィン理論の唯一の大きな弱点――すなわち〈人間という例外〉をどう説明するか――を突いているのだと、私には思われる。

ダーウィニズムが（クロポトキンが見直したダーウィニズムすらも）当時考慮しなかったことは、われわれがまったく例外的な霊長類であるということだ。なぜなら、社会的・生態的次元においてわれわれ人間に最も近い種はチンパンジーではなく狼だからである。狼は形態的にはわれわれと似ていないが、その天分的能力は気にかけずにはいられない豊かさを有していて、それゆえボリス・シリュルニクは、このわれわれのライバルを「動物のなかのユダヤ人」と呼んだのである！

現代の教養人はアリストテレスの動物学の段階にとどまっている（アリストテレスは〈ホモロジー〉は知っていたが〈アナロジー〉は知らなかった）。なぜなら、類縁関係のない二つの種が、遺伝子的にではなく、同じような選択的拘束を被ることによっても互いに似通うことがあることを知っている者はほとんどいないからである。われわれは行動の〈類比性《アナロジー》〉によって生活様式が社会性肉食動物と一致する独自の霊長類なのである。ペンギン、イルカ、魚などは、系統発生的類縁性によってではなく、水生環境への適応によって互いに似ているのである。同様に、鳥、コウモリ、昆虫の翼は、起源は異なっていても、同じ機能を果たすために合致しているのである。われわれに（相同的に）最も近い種はチンパンジーであるが、（長期にわたる）集団的狩猟者という生態学的次元において（類比的に）人間に最も近い種は狼である。ダーウィンのみならずウォレスやクロポトキンの問いを引き継ごうとするこの本の主要なメッセージは、動物界において唯一無二のわれわれの社会的進化やわれわれの心理は、われわれが霊長類であると同時に捕食動物であるということ、言い換えるなら猿であると同時に狼であるということに由来するということである。たとえば、狼の末裔である犬と、あるいは猿と一時間でも一緒にいれば、どちらが〈人間のより良い友〉であるか、どちらがわれわれに〈心理学的により近い〉かを、たちどころに知ることができるだろう[183]。

私はあるきわめて個人的な体験によって人間と狼の反直観的類縁性を知ることになり、この問題の理解を深めることができるようになった。私は鳥類や哺乳類のフィールドワークを半世紀にわたって行なってきたが、その間に、モンペリエの動物園で狼の子が生まれすぎて、殺すこともやむえないと考えていた園長が、私に一頭もらってもらえないかと提案したことがある。彼は私の妻が狼の子に憧れていることを知っていたからである。私の仕事柄それは可能であった。かくしてわれわれは町のど真ん中（！）で雌狼を家族の一員として育てることになった。柵付きの家がなかなか見つからなくて苦労したが、われわれは四年間狼と群れで暮らすという希有な体験をすることになった。いかなる狼の飼育業者もこれほど狼と親密に接触することはなかっただろう。またそれは専門家も不可能と見なしていた経験であった。私はこの経験を本にした（タイトルは『カマラ、わが家の雌狼[184]』）。狼というこの大いなる捕食者との親密な生活のおかげで、われわれはこれまで科学的に知られていなかった社会的行動を発見することができた。とくに狼は家族のメンバーが危険にさらされていると感じたとき身

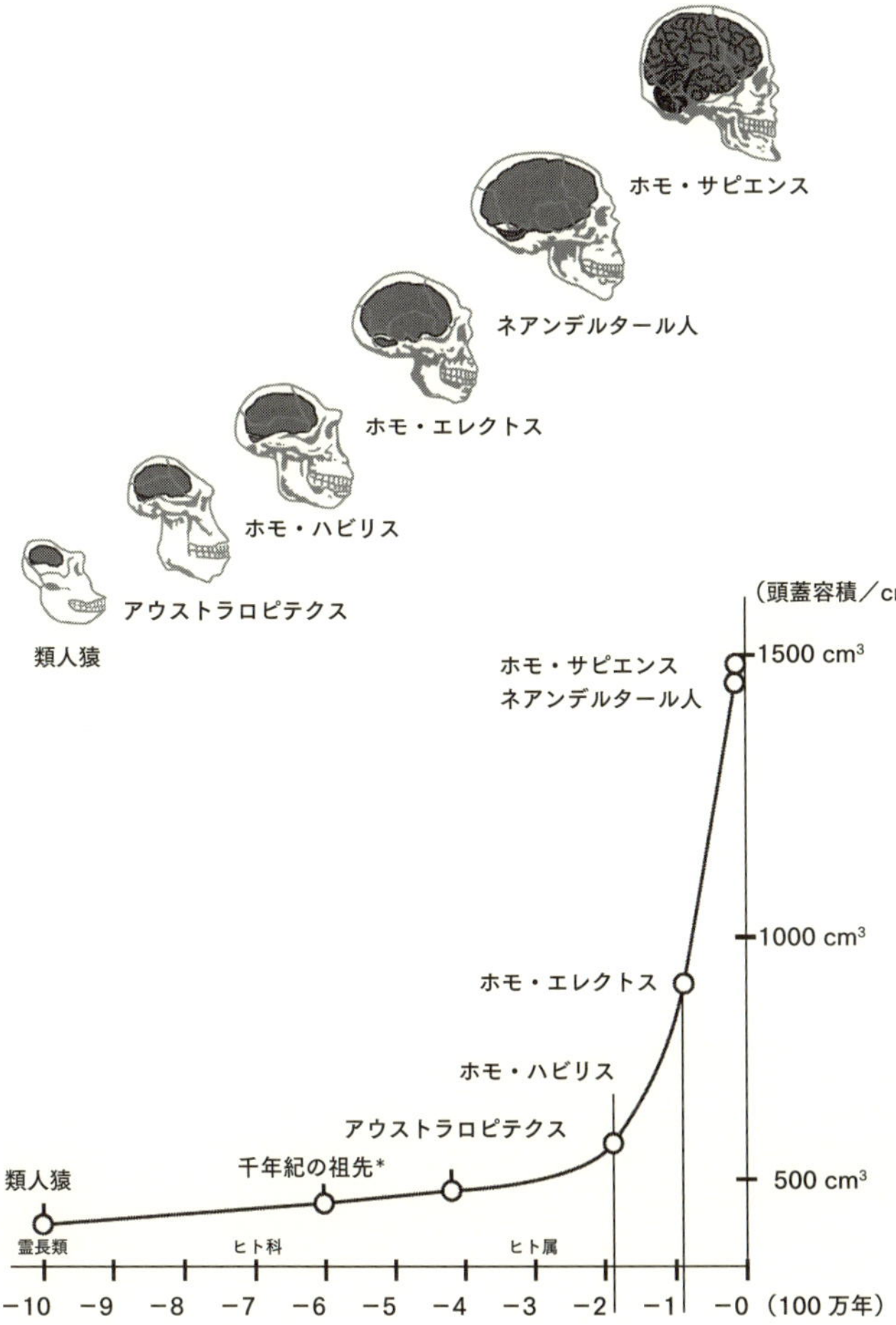

＊千年紀の祖先（ミレニアム・アンセスター）とは化石が西暦2000年、つまり第2千年紀のはじめにケニア北西部バリンゴのルケイノ層から発見されたため名づけられたものである。

を挺して防衛することが明らかになった。われわれが喧嘩しているふりをするとわれわれの間に割って入ろうとしたり、われわれがベランダや窓に近づくとわれわれを後ろに引っ張ったり、またわれわれが川のなかで泳いでいると何度でも川に飛び込んで岸に引き戻す、といった情景の映像や写真をインターネットで見ることができる。(185)

われわれの飼っていた狼がわれわれを自分の家族のメンバーだと見なしていたことは、利他的哺乳類は、自分が生活を共にしている者を遺伝子的近接性によって判断するわけではないこと想起させる。自然のなかにおいては、自分の傍にいて自分が愛情を感じている者は通常自分と同じ遺伝子を有している。そうしたことはすべて、すでに述べたように、家族的選択として機能する。しかし人間は同類と見せかけて社会性動物を欺くことができる。これは動物学で〈社会的浸透〉としてよく知られた現象である。ローレンツはこれを使って親鴨に変身した。これはオウムやキュウカンチョウに人間のようにしゃべらせることを可能にする。またこの手法を使って、われわれは狼を狩りや戦いの補助要員に仕立て上げることができる。そうやってわれわれの祖先は犬をつくったのである。(186)

いろいろ意外な経験をしたあと、狼のような高度に社会的な種において利他行動が見られるのは意外でもなんでもないと私には思われるようになった。そうした種は狩猟行動にさいして一連の集団的な相互協力を行なうのである。これは北米の生物学者が半世紀にわたる自然観察によって確認したことである。科学的観察から得られたこうした種の高度な社会性は、われわれ人間種の社会進化、その謎めいた進化を理解するための鍵を提供するものでもある。つまり大きな獲物を狙う社会的捕食者は必然的に助け合いと協力のモデルになるということだ。このことは利他行動のような最も道徳的な行動は進化の過程で当然にも選択されたものであったというダーウィンの確信を裏づけるものである。したがって西洋社会においてすぐれて人間的な特徴と見える相互扶助と協力は、狼のような他の高度に社会的な哺乳類と一体のものとして出現したということである。狼だけではない。リカオン、ライオン、シャチなども、単独では捕獲できない大きな獲物を組織的に連携して追いつめるのである。

われわれが心理学的に狼と類縁性があるという説が正しいとすると、〈人間的例外〉は動物界の外側に置いてはならないことになる。そして人間は、その生活様式や社会的な超捕食者としての行動によって唯一無二の霊長類であることを受け入れなくてはならないことになる。これはわれわれの動物的起源と同じほど自然な唯物論的説明でもある。われわれは巨大な認識的・社会的・文化的能力を賦与された狼なのであり、かくしてホッブズがプラウトゥス〔紀元前二五四～一八四、古代ローマの劇作家〕から引き継いだ「人間は人間にとって狼である」[187]という有名な公式は考え直さなくてはならなくなる。

この有効な捕食を求める進化競争は二百万年以上にわたってわれわれの祖先を形成した。それは猟をする諸部族を競争状態に置き若い世代を育てる能力をもたらした。そしてその線にそって自然選択が急速に行なわれたのである。古人類学者によると、集団的狩猟者の生活様式は、霊長類にとって新たに生まれたこの生態的地位に有効に適応しようとした結果である。獲物をなるべく簡単に捕えるためには、獲物のリアクションを予想し、集団のメンバーと連携しなくてはならなかった。つまり獲物や競争相手よりも賢く連帯しなくてはならなかった。およそ十万世代にわたるこうしたわれわれの認知能力の自然選択によってわれわれの脳の大きさは三倍になったのであり、逆に狼は飼いならされて犬になることによってそれほどの時間を経ずに（せいぜい五千世代くらい）脳の三分の一を失うことになったのである。

変化は単に量的なものではなく、われわれの脳の大きさの急速な拡大は集団生活をする肉食動物によく見られる助け合いという現象をもたらす。これは先史学者によれば霊長類のなかで人間だけに見られる現象である。これはまたおそらく、われわれ人間種における言語の例外的な発達の原因でもあろう。そして言語活動の発達は、獲物の習慣、足跡、捕獲、分け合い、そして猟の社会的組織化についての情報をますます共有することを可能にした。こうしてわれわれは、ライオン、ハイエナ、リカオンなど当初われわれを上回る天分を有していた競争相手に対する不利な状態を補うようになった。やがてわれわれはアフリカから出たあと狼に出会い、狼を犬に変えてわれわれの役に立つようにしたのである。

こうした説は意表を突くとんでもないものと思われるかもしれない。なぜなら、そもそも猿と類縁関係があるとすることでも屈辱的なのに、われわれの先祖伝来の敵である狼と類縁関係があるとすることはさらに屈辱的であると見なされるだろうからである。この説はわれわれのエゴからすると、ウォレス、ファーブル、テイヤール・ド・シャルダン、さらに最近ではボグダノフ兄弟などの、脳、言語、知性の発達によってわれわれ人間を進化の頂点に位置づける唯心論的説明よりも見栄えはよくないだろう。しかし私が主張するこの説は〈人間的例外〉の唯物論的説明であり、したがってダーウィンが望んだような超自然的なものに頼らない地に足の付いた説明であると私には思われる。

競争は攻撃とエゴイズムに基づいている。それは動物界全体において延命のために不可欠である。攻撃は皇帝ペンギンのような少数の例外的な種においてだけ最小限になる。皇帝ペンギンは、ブリザードに抗して暖かさを保つために、一メートル四方につき十羽の割合で数千羽が身を寄せあわなくてはならないので、同類がすぐ近くにいることに耐えなくてはならないからである。動物界において協同は競争ほど広まっていない。協同は社会性昆虫や社会性動物のような集団のなかでしか大きく発展しなかった。これらの利他行動の専門家とも言うべき動物や、狼のように大きな脳を有する哺乳類においては、社会的行動の生来的要素は昔から強い影響力を持っていた。人間は集団的狩猟生活様式を有する唯一の霊長類であるが、その行動の特殊化は最近起きたものであり、とくに文化によって、つまり先天的にではなく後天的に獲得されたものである。文明化された人間のなかに狼のような社会性捕食者を最初に認めた霊長類学者アドリアン・コルトラントは次のように述べている。「人間において他に例のない特筆すべきことは、文化的に獲得したものを世代から世代へと引き継いでいく態勢と、緊密な共同性を有する狩猟捕食者の社会的倫理とを理想的なかたちで結びつけた高等霊長類であるということである。以前から存在しながらも分離されていたこの二つの行動形態の結合が、進化の歴史のなかでかつて存在したことのない何かをつくりだしたのである[188]」。

狼においては遺伝子に基づき人間においては文化に基づく、この利他行動を評価する学説が正しいとすると、それは同時に現在の社会的諸問題を解釈することにも役立つ。というのは、認知能力の違いにもかかわらず同じ生態的地位に置かれた狼と人間というこの二つの種は、異なった道を通ってそうなったのであり、先天性と後天性の組み合わせにおいて対極に位置するということだからである。狼は多くの本能を有しているが後天的に獲得するものは少ない(ただし自然のなかで生きるように三年間は仕込まれる)のに対して、人間は本能はあまり有しておらず、むしろ文化とくに道徳によってコントロール（あるいは抑制）される欲動を主要に有している。その結果は意外と言えば意外なものであり、狼が生得的な利他的行動本能を決して失わないのに対して、われわれ人間種は文化的伝達がうまく機能しないと学んだことをすぐに忘れてしまうということである。したがってわれわれ人間種は、文化的に獲得する利他行動はきわめて脆弱であるが、生得性の強いエゴイズムは強固なのである。これこそまさに消費社会が財産と利益の追求競争を発展させるために活用したものにほかならない。

真のダーウィンとは何者か

それはたいへん美しい話だが、私は自分が鱈《たら》の子孫であるとは信じられない。

ヴォルテール

われわれはこの調査を通じて競争と協同を導きの糸にしてきた。そしてそれは右派と左派という政治的議論にまで変身し、進化の歴史をたどるなかで重要なイデオロギーを検討することにもなった。しかしながら、いにしえの現実は現在の鋳型に容易には納まらない。たとえばヴァシェ・ド・ラプージュ、クレマン・ロワイエといったレイシストでありつつ社会主義的でもあった人々、ヘッケルのようなレイシストで反社会主義的であった人、あるいは社会主義的優生学者たち、アルフレッド・エスピナスのような生物学的社会主義者、ウォレスのような唯心論的科学者といった人々は現在の枠組みのなかに納まりきらない。現実は単純ではなく、批判は可能なかぎりその時々に応じた価値体系のなかに置き換えられなくてはならない。この点について、たとえばジャック・リュフィエ〔一九二一～二〇〇四、フランスの遺伝学者・人類学者〕は次のように書いている。「その時代には、レイシズムや反ユダヤ主義は右派のなかにも左派のなかにも広まっていた[189]」。ダーウィンのような複雑で微妙な性格の持ち主を説明するのに、右派と左派の対立を軸とすることはもちろん不適当である。先天性と後天性、利己主義と利他行動、競争と協同といったような二元論的レトリックもまた間違いであるが、これは社会生物学における思想の進化を説明するうえで右派と左派といったような対比ほどは単純ではない。

われわれはダーウィンの個性を説明するためにもっと穏やかでもっと正確な理由を採用することもできただろう。たとえばダーウィンにおいて明らかに存在したイデオロギーと現実との葛藤という二項対比的観点である。われわれはダーウィンが極度に几帳面で用心深い人間であったことを見てきた。彼は宗教や政治といった、とくに論争的な主題に関して、虚偽の発言をするよりも発言を差し控える方を選んだ。彼は真理を追求する人間であり、イデオロギーの人間ではなかった。彼は衆目一致であるが事実に反する学説を警戒した。ダーウィンはつねに原因から説き起こす説明を追求したが、人の気持ちを傷つけることを好まず、知識を深めるのではなく知識にとって有害な〈床屋談義〉を嫌悪していた。彼は奥深い原因を追求するなかで、現実世界を説明する理論を単独で推進し、自分の言説に一種必然的につきまとう社会科学について論じることを避けながら自然科学に集中する道を選んだ。彼の情熱は、彼の感覚からすると思弁的にすぎる人間に関する諸問題についての話はできるだけ禁欲して自然を説明することに向けられた。

しかしダーウィンは、生き物の世界を説明する進化理論を独自に構築する過程で、人間についても説明しなくてはならないと思うに至った。これは難しく茨の道であったが、それはこのきわどい主題についてあまりにも迷信や虚偽の主張が横行していたからである。彼は主要な二著のあいだに長いあいだ〈人類学的沈黙〉を守っていたが、ついにこの沈黙を破る決断をし、彼が嫌悪する哲学的・イデオロギー的議論のなかに心ならずも参入する。そしてその後、新たな世界像を提起して自分たちの栄誉のためにそれを理想化しようとする大半の学者とはちがって、ダーウィンはひとえに研究のなかに身を隠し、〈ダーウィン戦争〉のなかで自らが身を置く陣営を選ばないように試みる。ダーウィニズムの社会的射程についてのドイツ自然史家の第五十回大会における沸騰した議論を耳にしたときのダーウィンの驚きと幻滅がそうした彼の姿勢を物語っている。また隣人のジョン・ラボック〔一八三四〜一九一三、イギリスの銀行家・政治家・生物学者〕が国会議員になったとき、「こんな傑出した学者が政治に囚われている」と嘆いたことも、ダーウィンの俗世間の出来事への無関心を示していると言えるだろう――ダーウィンは政治を「貧弱で卑俗なもの」と見なしていたようである(190)。ダーウィンは科学的とは言えない議論への参入を拒否することによって、彼の鼻のせいで乗船を拒否するところだった艦長フィッツロイのような擬似科学に対して厳格な知的教訓を与えたのである。思想史上最も複雑で最も大胆な概念を導入したダーウィンは、蒙昧主義に抗し知的厳密さを貫く素晴らしいメッセージをもたらした。彼は広い問題に通じる一般理論を展開したが、生涯にわたっていかなるファナティックな議論にも足をすくわれなかった。そのためすべてのイデオローグに背を向けたが、彼らはダーウィンを理解しないまま彼の思想を取り込もうとした。ダーウィンは自分の実験的世界から出ようとしなかったが、それは彼がいわゆる〈社会的〉問題を無視したからでもなければ理解していなかったからでもない。彼の家族や妻の家族は幾世代にもわたって社会問題と深い関わりを有していたのであり、彼自身そうした問題をよく知ってもいた。しかし彼は自然の問題を、より情熱をそそり解決すべきものと考えたのである。この科学者はヴォルテールが言ったように〈自分の庭を耕しながら〉生物学の背後に隠れている人類学をある種必然的に覚醒させたのである。しかし彼は自らの確信をあからさまに公言せず極私的書き物のなかにとどめた。ダーウィンは生涯象牙の塔のなかに引きこもっていたが、われわれにとっては彼が隠そうとした〈哲学者にしてモラリスト〉という姿をとって現れる。

ダーウィンの仮説が堅牢性を有する（その仮説は大半が後に続々と確証され議論の余地のないものとなった）のは、彼が若い頃昆虫採集に熱中した経験に基づいて、自ら行なった自然観察を文通相手と交わした意見交換などによって検証し続けたからである。そうした観察は彼が自分の考えや理論を検証し自分の直観をつねに綿密にチェックするのに役立った。彼は自分の仮説を公表する前に、これを数十年にわたって妥協することなく事実の篩いにかけた。彼は進化論を打ち出す前に、種の変化についての賛否両論を手帳に書き付け、持論に説得力をもたせるために二十年にわたって辛抱強くさまざまな議論を参照した。自然の与件によって検証されえない循環論法、事実と矛盾する考えなどを警戒し、大胆かつ慎重な理論モデルを構築しようとした。それは人間の知性はおのれが望むことを正当化するための説明をつねに見つけることができる豊穣性を有していることを確信していた理論家の姿勢であると思われる。ショウペンハウアーは、われわれは理性的存在である以上に〈つねに正しい道をいく〉種であると言っている。[191]いつの日か人文科学が生命科学と通じあい、文化と自然、思想と事実を突き合わせるなら、人間はもはや〈最後のミステリーのミステリー〉ではなくなるかもしれない。そしてダーウィンが自然によって説明した生物多様性——言い換えるなら〈天地創造〉——もミステリーではなくなるだろう。

こうしたダーウィンの厳しい真理の探究と高邁な根元的科学的思想は、人間関係において慇懃で我慢強い彼が、ケンブリッジ大学で彼の植物学の先生であった人物、またフィッツロイ艦長に彼を推薦し彼の素晴らしい冒険旅行のきっかけをつくった長年の友人でもあるジョン・ヘンズロー牧師に対してすら、あえて教訓を垂れたことにも現れている。ダーウィンはこう述べている。「私はあなたの言葉の一つに賛同できません。つまり次のような言葉です。〈科学的研究がいかにおもしろくても、その研究が現実に応用されないままであったら空中楼閣を建てるに過ぎない〉。これを聞いた人たちは、科学的発見の実用性は直接的に明白なものでなければならず、それが称賛に値するのだと思ってしまうのではないでしょうか。クロロフォルムは純粋に科学的な研究から生まれた発見の素晴らしい例ですが、その実際的応用は偶然の結果だったのです。私はもう少し高い見地に立ちたいと思います。なぜなら私は、心の中に感じるのですが、人間には真理や知識や発見の本能が存在すると思うからです。それはわれわれに有徳であるようにうながす本能と同じ次元に存在するものです。そしてこうした本能を持つことは、それだけで、いかなる実際的結果も生まれなくても、科学的研究を遂行するための十分な理由であると私は思うのです」。

進化論は二つの相貌（科学的と哲学的）を有しているためにダーウィンという人物はたいへん複雑かつ神秘的で、三つの次元に分けて考えたい。一つ目は、現在は多くの教養人にとっては過去のものになっているが、多くの経済人、実業家、企業家のあいだでは生き続けている社会ダーウィニズムである。これには利潤追求を正当化するために持ち出される戯画的な側面もある。二つ目は無私無欲の天才的学者という公認の肖像である。われわれは本書でこれに大部分のページを割いた。三つ目はダーウィンの見えにくい曖昧な部分である。内気な学者の相貌の下に人間関係に気を使う野心家の顔を検知するには、この進化論の発案者に進化心理学を応用したロバート・ライト[192]のような洞察力とシニシズムが必要であろう。ライトはとくに、ダーウィンが科学の権威者たち——彼らはダーウィンの親しい友人でもあった（！）——に進化論の発案資格を自分に与えてくれるように求めたことを事前にウォレスに伝えなかったことに驚いている。しかしながらウォレスは遠方にいたこと、そしてこの件のようないくらかの汚点を除いたら、ダーウィンは道徳的次元で申し分のない人物であったことは認めなくてはならない。たとえばダーウィンは、動物、黒人、奴隷などを熱心に擁護したが、そこに自分にとっていかなる利益があっただろうか。ライトが主張するように、ダーウィンは進化論に対する同時代人の批判を無効化しようとして、彼の理論の発案資格を維持するために、あるいは宗教的無信心を隠すために、あれこれ細工をこらしたかもしれない。しかしダーウィンの伝記作家たちがこぞって指摘しているように、彼は自分の取るに足らない行為のなかにも批判されるべき点を見つけだすほどの鋭敏な意識の持ち主であった。たとえば無名の読者に返事をするのを忘れたために不眠症に陥るほどであった。われわれがこの本の冒頭で紹介した彼の生理に関する疑わしい診断〈寄生虫症そして／あるいは心身症〉はこのさい度外視して、ダーウィンの鋭敏な第六感は、端的に言うなら彼の特異な育ち方――彼は母親を知らなかった――に由来していると私には思われる。ダーウィンは彼を熱愛した横暴ではあるが思いやりもある父親と、彼に罪責感を持たせ続けた姉に育てられた。この姉について、ダーウィンは『自伝』のなかで、次のように自問し続けたことを回想している。「彼女は次にどんな理由でもって私を責めるだろうか」。ダーウィンがイギリスの上流家族の出であることも忘れてはならない。彼は謙虚を装っていたが、科学の歴史だけでなく自分の好みには合わなかったが思想の歴史においても名を残すことによって、家族にふさわしい存在になるようにあらゆる努力をした。こうした〈心理‐伝記的〉解釈によって、彼が〈家族の恥〉になることを避けるために彼に強い社会的承認欲求をたたき込んだ父親と、彼の道徳意識を育てるためにまんべんなく機能した姉――これはピノキオとジミニー・クリケットの関係に類比できるだろう――とのあいだに、ダーウィンが囚われていたことが明らかになる。

この家族的拘束は、ダーウィンが、エラズマス・ダーウィンの長男できわめて優秀な医者であったが死体解剖をしたとき感染症にかかって二十歳で死亡した父方の伯父と同じ名前（チャールズ）をつけられていたことによって、さらに増幅された。この不吉な状況は画家のフィンセント・ファン・ゴッホの場合を想起させる。フィンセント・ファン・ゴッホは生まれてすぐに死んだ兄と同じ名前をつけられていた。弟のテオは息子が生まれたときまたしてもフィンセントと名付け、兄のフィンセントにこれ以上生活費の援助をすることができないと告げ、ゴッホは自殺する。ともあれこうした〈家系

―心理的〉な手がかりによって、ダーウィンの父親の過剰な介入を説明することができるだろう。父親は息子チャールズの学業成績があまり芳しくないことを嘆き、彼が〈ビーグル号〉の航海から帰るまではチャールズの兄に期待を寄せていたが、この兄も医師免許は取ったものの実践はしなかった。出発時は不確かであった自信をやがて十二分に取り戻したダーウィンの多感な性格、そして異常発達した意識――ハクスリーが「賛辞と非難に鋭敏な感受性」と呼んだもの――といったものは、これで十分に理解できるのではないだろうか。ものごとを地味にやり遂げる意志と病的と言っていいほどの自己批判との特異な混交、おそらくこれがダーウィンにほとんど欠陥のない一連の科学的研究を可能にさせ、彼が進化論に対する批判を巧妙に骨抜きにすることができた理由であろう。また寛大なウォレスに対する彼の罪責感は、自分の同僚たちの反対にもかかわらず、天才的な科学者であったが唯心論に陥ったウォレスのために年金を獲得しようと執拗に奔走したことにも現れている。ダーウィンはそうやって、生き物の世界の大いなる説明理論の発案資格を巧妙に横取りしたことへのやましさを軽減しようとしたのかもしれない。

心優しいチャールズ・ダーウィンは、その謙虚で修道者のような見かけの下に、実際には苦悩せる野心家の相貌を有していた。彼は植物や昆虫の採集をする田舎の牧師では満足しなかった。父親にそう約束したのは〈ビーグル号〉に乗り込むためであった。しかし彼はますます聖書よりも自然を信じるようになり、病身であり出航時にはアマチュアにすぎなかったが、科学者として社会的に身を立てるために鉄の規律を自分に課した。ダーウィンは人付き合いを避ける熊のような様相の下に比類なき外交官の資質を有していて、一見乗り越えがたい障害をも次々と回避しおのれの道を切り開いた。まず彼の父親である。彼の威圧的な父親は、ダーウィンを自分と同じ医者にしようとしたが、それがかなわないとイギリス国教会の牧師にしようとした（というのは当時植物や科学では生活していけなかったから）。ダーウィンはその父親を金利生活を送る学者の道を自分に許容するように誘導した。次に艦長フィッツロイ。ダーウィンはこの反論を許さないイギリス貴族と食事を共にするたびに衝突した。二人はとくに知的次元で対極の立場にあったが、ダーウィンは彼を懐柔するのに成功した。次に金持ちで信心深い妻であり従姉妹のエンマ。彼女はフィッツロイと同じほど強烈な個性の持ち主であったが、ダーウィンは彼女とのあいだに十人もの子どもをもうけ理想的な夫婦生活を送った。次に彼の生物学のライバルで人類学的には反対の立場にあったウォレス。ウォレスは自分が最初に公表しようとしていた進化論をダーウィンが発見したことを祝福し、またダーウィンが自分のために貧しい研究者のための給費を獲得してくれたことに感謝している。そして最後に彼の進化論。この理論は堂々たる科学的説明だが人類学的論争と分かちがたく結びついていた。ダーウィンはこの論争を自分の理論からできるかぎり切り離し、自分の説が普及するのを妨げないようにして成功に至った。

ダーウィンは他者と巧妙な交渉を行なって欠点を長所に変え、自分の個人的天分を最大限発揮することに成功した。ダーウィンは自然の与件を数学的に扱う能力のある専門性を備えた自然史家であり、ウォレス同様、動物学だけでなく地質学、植物学、さらには動物行動学や生物地理学、生態学《エコロジー》などにも関心のあるゼネラリストであった。彼は偉大な収集家であったが、分類だけでは満足せず、類縁関係の背後に隠されている自然法則を探究した。ダーウィンは生《なま》の事実から出発した。つまり〈どのようになっているか〉である。しかし彼はその諸事実を因果関係で結びつけようとした。つまり〈なぜそうなっているか〉である。彼はひとつの動物分類群（蔓脚類）の研究に集中する専門家としての能力を証明したあと、自分にもっとふさわしい広大な領域として、互いにきわめて異なった動物の研究に移行した。天才的な独学者としてのダーウィンの主たる天分はそうした総合的な視野（全体論）にある。つまりおのおのの生命の経験は全体に統合されたかたちで説明可能であるという考えである。たとえばダーウィンは森でナマケモノを観察しながら、もっと大きな化石を発見したとき、種は不易ではなく消滅することもあるというふうに理解する。アンデス山脈で彼は地震を経験し、地盤が強固なのは見かけだけのことであると考える。彼は珊瑚礁の形成過程を研究しながら地質学的変化の緩慢さに気がつく。同時にそこからシドニーの近くのブルーマウンテンズは海に浸食されたあと隆起した土地であると結論する。またそれだけでなく、種は長い期間をかけて環境に応じて選択され進化すると結論づける。選択が起きるのは、マルサスが証明したように過剰出生が生じるからという理由である。ダーウィンの炯眼の別の例を挙げよう。彼は〈ビーグル号〉での旅の最中、民族的・文化的出自の異なるさまざまな人間を観察して（フエゴ島の島民と〈ビーグル号〉でヨーロッパから戻ってきた人の比較など）、そこから人間諸個人間の違いは単に受けた教育の違いによるのであり（彼は未開人と文明人との区別を野生動物と家畜動物との区別になぞらえてもいる）、人間という種の単一的起源と知的能力の共通性を導きだす。要するにダーウィンは個々の観察を一般化して考える能力に非常に長けていて、それをまず手帳に書き付ける。人間に関して最も議論になる事柄については、ダーウィンは自分の考えをなるべく公表しないようにした。それはなぜかというと、彼は子ども時代に、次いでフィッツロイとの会食に最中に、さらに妻や友人たちとの付き合いにおいて、この問題がつねにいさかいの元になることを知っていたからである。それは彼が最も嫌悪することであった。彼はラマルクや祖父のように進化論的直観によって社会の除け者になりたくはなかったのである。

まったく偶然であったろうが、大学における学習も現場における学習もダーウィンにとって大きな効果を発揮し彼は物事の両面を見ることになったが、それは希有なことである。父親は牧師にさせようとしたが、元々反教権主義的な家族の出である。ダーウィンは、自分の家族や妻の家族と同様に確信的な反奴隷制論者であったが、平然と人種差別をする〈トーリー党員〉の艦長フィッツロイと五年にもわたって一緒に暮らさねばならなかった。船上で全権を握るこうした反動的な人物を相手に、政治や宗教など意見が食い違う話題を避けるために彼が巧妙なやり方を身につけたことは意外でもなんでもない。〈ホイッグ党〉支持の家族に生まれ、科学と関わる実業ブルジョワジーを出自とするダーウィンは、まず医学の勉強のためにエディンバラ大学に送られる。スコットランドの啓蒙合理主義のメッカである。そしてその後、反対陣営のケンブリッジに勉強しに行く。したがってダーウィンは、まず迷信や世界を説明しようとする聖書的テクストと闘うことを学ぶが、次いでウィリアム・ペイリーの自然神学に依拠して神の完全性を称えることを学ぶ。さらにその後、ガラパゴス諸島を経由する世界一周の経験が生物多様性の法則を発見するきっかけとなる。こう振り返ってみると、彼の大学での一貫性のない学習は、生命と人間の起源という究極の問題に立ち向かうための準備であったと見なすことができる。

この天才的なディレッタントの矛盾した過去をたどることによって、彼がなぜドグマに陥らなかったかを説明できる。これは学説の創始者として希なことである。ダーウィンは反対の意見を自然なことと見なした。フィッツロイにしろ、父親にしろ、妻にしろ、そう見なした。さらに、自然と文化、先天性と後天性、利己主義と利他行動、といった対立も自然なことと見なした。彼は矛盾を隠そうとせず、問題が複雑化したときひとつの立場を選択することもなかったので、彼の思想を奥まで突き止めるのは容易ではない。たとえば優生学に対する彼の立場は曖昧に見える。なぜなら彼は、ことにあたってひとえに宣伝活動に邁進する者と同様に、そのことについて賛成か反対かを言明しないからである。ダーウィンは文明の道徳的・物質的長所を称揚するが、人間の自己家畜化による自然選択の切断や、人口過剰によって地球に負担をかける人口的進化を引き起こす医学のネガティヴな働きに警告を発する。これは一貫性が欠如した考えであるように見えるが、とくにわれわれの生きる現代において現実性を有していると言えるだろう。ダーウィンは論争を避けるために自分の立場を明確にしなかったが、つねにわれわれの社会の未来に開かれた議論を発動したのである。それは社会の〈道徳性〉とは何かという問題と言っていいだろう。ダーウィンは死んではいない。〈ダーウィン戦争〉は続行しているし、これからも続行するだろう。なぜなら科学の歴史は過去に関係するだけではないからである。ジャン・ガイヨンはダーウィニズムについてのある講演をつぎのような言葉で結んでいる[193]。「科学は日常生活の快適さとそれを有する人々の権力を整備するための実用的な方法の総体であるだけでなく、自然を理解できるようにするくわだてであり、無限に開かれ、それゆえ当然にも論争の的にもなるくわだてでもある[194]」。ダーウィンはものごとを単純に言ったり、人間にとって都合のいいことやいい加減なことを言ったりせず、ものごとを複雑なまま正確に言おうとした。したがってそれは議論の的になった。この賢人は、生物界に卓越した上位の存在はいないといったような、自らの提起した他者に向かって証明不可能な考えを前にして、虚言を弄したり論争したりするのではなく、言い争いの元になることには口をつぐみ、公的活動を科学に限定しようとした。彼の周りの環境は彼を社会問題に無関心ではいられないようにうながすものであったが、彼はあえてそういう態度を取ったのである。

しかし人間嫌いであった彼の友人チャールズ・バベッジは真逆の道を選択し、政治的過剰——とくにフランス革命のような大殺戮——に対する解毒剤として産業革命を重視し実行に移した。バベッジは一八四二年、資金不足によってコンピューターの祖型の製造を中止しなくてはならなかったが、その着想は一九四八年アラン・チューリングによって具体化された[195]。バベッジは科学的・技術的進歩の結果を見るために死後地球に降り立つことを夢想していた。彼は自分が切り開いた情報科学の発展ぶりに熱狂しただろうが、同時に、今や多くの科学者によって承認されている彼の友人ダーウィンの進化論を現代人の多くが今もなお承認していないことに驚いただろう。

エピローグ

ダーウィニズムの奥深さ

論理的思考が誤った結論に導かれるとしたら、それは人間が無能だからではなく、人間が論理的思考を自分の信念や行動を正当化するために用いるからである。
ジョン・ブロックマン〔一九四一年生、アメリカの編集者・作家〕

二〇〇四年アメリカの諸大学で「ギャラップ」〔世論調査企業〕が調査をしたところ、人間が神の介入なしで出現したと考える者はたった一三パーセントだった。一九八二年の時点で、アメリカ人の四二パーセントが、神が人間と生き物の世界を創造したと考えていた。それから三十年たった今も、アメリカ人の四六パーセントがそう考えている。私はこの著作を通して、その理由を理解する試みを行なった。

ダーウィニズムの数多くの応用の一つである進化心理学は、奇しくもこの古くからある無知蒙昧の問題に新たな光を当てる。なぜなら進化心理学の研究対象は、人間があるコンテクストにおいてはひどく間違った論理的思考をするのに、別のコンテクストにおいてはきわめて素晴らしい論理的思考をするのはなぜなのかを探究することだからである。認知人類学派のリーダーのひとりであるダン・スペルベル〔一九四二年生、フランスの人類学者〕は、人間の行動は、文化だけでなく自然、つまり生まれつきの衝動に由来すると述べている。[196] 彼はユゴー・メルシエ[197]〔フランスCNRSの科学研究員〕と共著の有名な論文[198]のなかで、論理的思考はまずもって、理解するためよりも説得するために用いられるという驚くべきテーゼを提示している。なぜなら知性は構造化された社会集団のなかで進化するからである、というわけだ。われわれの理性は感情に対してきわめて敏感である。理性は真理の探究や現実の理解のための道具である以前に、社会進化の過程で実践的問題を解決するため、とりわけ論争するために選択されたものであるということだ。われわれは自分自身の論理の欠陥をなかなか見つけられないが、他人の論理の欠陥を見つける才能には、それよりもはるかに恵まれている。われわれ人間を動物界のなかに置き直すということは、第一に社会集団の結びつきの基になっている文化を否定するということである。そうすると、われわれの知性は「プラトン的ロゴス」というよりも、むしろ実践的で社会的なものであるということが見えてくる。

ダーウィンは彼が「黄金律」と呼ぶものを自らに課していた。それは自分の仮説を否定する事実を書き留めるということである。というのは、彼はわれわれが生まれつきそういった事実を隠蔽する傾向を持っていることを知っていたからである。社会認識の経験に基づくと、われわれは経験的所与を前にしてもわれわれの信じていることを疑おうとしない。この「議論学」[199]を信じるなら、脳はさほど抽象的論理に向いてはいないことになる。とくに他人を説得しようとするわれわれの理性は、他人との対決によって刺激を与えられなくてはならない。魂／身体、物質／精神、遺伝子／環境、自然／文化、先天性／後天性、動物／人間といったような、誤った二分法による二律背反にわれわれが囚われるのは、この生まれつき論証好きの感性のせいであろうか。実際、この単純きわまりない二元論が西洋思想の根元的存在論を構成しているのだが、フィリップ・デスコラ〔一九四九年生、フランスの文化人類学者〕はこれを「自然発生」と命名している。[200]この生まれつき論証好きの感性はあらゆる論理的証明にとって不可欠なため、われわれはこの本で二元論の単純性と人為性を告発しながらも、社会生物学の歴史を説明するために競争と協同を対置せざるを得なかった。[201]しかし実際には、この二つは自然のなかで分かちがたく混ざりあっているのであり、これはその半分ほどを目によく見えるかたちで描き始めたダーウィンが理解したことにほかならない。

この本の最初の方で指摘したように、科学はあまりにも複雑化・専門化し、さらに反直観的になっているために、二十世紀に入って以降、教養のある公衆から切り離されてきた。そして公衆はしばしば科学とテクノロジーを混同するようになった。科学が制度としてつねに苦境を切り抜けてきたのは、学術界や世論のおかげではなく、科学が現実を最もよく伝える説明を選択するために絶えざる説明批判に依拠してきたからである。カール・ポパーがそのことをうまく要約している。「科学の歴史は、あらゆる人間的思想の歴史と同様に、無責任で頑迷で誤った夢想の歴史である。しかし科学は、誤りが時間とともにシステマティックに見つけられてきた、おそらく唯一の希有な人間活動のひとつである」。進化のメカニズムの理論はこれと少し似ていて、環境のなかで生物にとって有益な特徴だけを遺伝的特性のなかから取り出すことにって自然選択を有効化したものである。ガリレオは神学によって正しくないとされたが、地球は実際に太陽の回りを回っている。ルイセンコはロシアの飢饉を回避しえたであろう冬小麦を改良することができなかったので間違っているとされたが、ラマルクの思想を選択したことは間違っていなかった。日蝕をはじめて予言し月の色を太陽の光の反映として説明したミレトスのタレスは、空の観察に夢中のあまり井戸に落下したことをプラトンが語っている。タレスは星ばかり見ていて地面を見ていなかったからだと召使に嗤われた。われわれ人間種を理想化するあまり現実を見失わないように注意しよう。「自然のなかに教訓を見つけにいくこと」と、レオナルド・ダ・ヴィンチが忠告したことを思い起こそう。

ダーウィニズムは証拠を提示しているにもかかわらず、多くの人がこれを信じることができなかったのはなぜなのか。このことを理解するためには、進化理論は単に科学的・中立的な説明ではないということを認識しなくてはならない。進化理論は諸分野の隔壁を打ち壊し、「なぜ」という究極原因を重視せざるをえなくさせるものだからである。それはニュートンの物理学やアインシュタインの相対性理論のような抽象的理論ではなく、祭礼、象徴、儀式、先祖、カリスマ的リーダー、英雄譚、社会秩序、道徳的価値などを伴ったわれわれの創造神話への反論でもある。狼はその生まれつきの衝動によって社会的現実のなかに定着しているが、人間はなによりもその想像の領域とともに社会的に生きている。一個の人間は、われわれ人間が専門とする〈社会的構築物〉のなかで道に迷いたくなかったら、ダーウィンのように、その想像の領域を絶えず現実と突き合わせなくてはならない。

人間種に属することを受け入れることは、それ自体がすでに、他者を排除するものとしての種族、国民、党、結社、信仰共同体などの限界を示す精神的境界線を打ち破ることであった。かつて異邦人は、別の種族、別の国、別の宗教、別の文化、他の種の構成員であった。そしてそれは動物つまり非－人間でもあった。つまり、われわれを知的・物質的優位にある存在として安心させることによってわれわれを人間にしているのは、動物という非－人間なのである。ダーウィニズムを人間に適用することへの拒絶が、意識的であれ無意識的であれきわめて強力であることはもっともなことである。なぜなら科学的・論理的確実性にもかかわらず、ダーウィニズムは当初から、われわれを中心にして展開され、われわれを心地よくさせるイメージをわれわれにもたらすわれわれの価値尺度、われわれの信仰、われわれの文化的つながり、われわれの世界観といったものを危うくするものだったからである。科学的ダーウィニズムが長いあいだ受け入れられてきたのに対し、ダーウィン的人類学がつねに受け入れられるのが難しかったのは、大部分の人が、このダーウィニズムというわれわれの〈集合表象〉の革命に立ち向かう準備ができていなかったからである。本書ですでに見てきたように、ダーウィニズムの当初の成功は、進歩の思想にきわめてうまく適合する社会ダーウィニズムというダーウィニズムへの誤解に基づいていた。

すべての教養ある人々がいつの日かダーウィニズムの社会的射程を認識することができるようになるだろうか？　それは疑わしい。なぜなら〈無知の心理〉についての現在の研究が、強力な信仰をゆるがすためには事実でもってそれを爆撃するだけでは不十分であると結論しているからである。脳は選択的に機能するものであり、脳に反するものを過小評価する傾向がある。この〈自己確認的バイアス〉を通して真と見なされた情報が、それが誤りであることが証明されたあとにも記憶や論証に影響を与え続ける。認知科学の専門家はそれを防ぐためにあるコミュニケーション戦略を提案している[202]。すなわち、神話を持ち出さないで事実だけにとどめること、情報を最大限単純化すること、要点を見失わないように議論を最小限にとどめること、公衆の認識水準を考慮すること、精神のなかに生じる空白をしかるべき説明で埋めること、反論しにくい図形を用いること。ところで進化の理論は天地創造の神話を排除するものである。この理論は一般に考えられているよりも複雑なものである。それはたくさんの論拠に訴える。それはわれわれの概念枠組み自体を問いに付す。それは神の創造という単純で価値付与的な思想を、人間の動物的起源という一見して精巧であるが価値滅却的な説明によって塞ぎ止める。これは計算づくの証明ではない。偉大なキュヴィエが、進化のあらゆる解剖学的・古生物学的証拠を集めたあと、彼の生きた時代の諸価値に従って進化の理論をきっぱり否定したことを思い起こそう。そして彼は死後も数十年にわたって、フランスの学術界の信奉を一心に集めたのである。科学的ダーウィニズムは完全に消化吸収されてはいない。多くの教養ある人々にとっても、いわゆる社会的な含意を有する料理を追加的に飲み込むことはたやすくないだろう。そのなかには多くの生物学者も含まれる。彼らは、ダーウィンが自らの発見の哲学的・道徳的・宗教的な射程について、社会的影響を顧慮して、これを否定するという慎重な態度をとったことについて無頓着である。

われわれはこの領域において英語圏の諸国、とくに北アメリカが五十年進んでいることを幾度となく喚起した。しかしそれらの諸国ですら人口の半分くらいは聖書をまともに信じ込んでいる。この遅れはデカルトの後継者たちのあいだで埋められつつあるが、しかし彼らにしても観念論的かつ非実践的にすぎる。フランスでは、人文諸科学がようやく進化論に関心を持ち始めているといった現状である。神秘的で奇妙なわれわれ人間を理解するうえで、二百万種も存在する動物が不可欠であるにかかわらず、動物は長いあいだ無視されてきたことに、哲学、法学、倫理学がようやく気がついたところである。北アメリカの思想学派は一九九七年からカトリーヌ・ラレール〔一九四四年生、フランスの環境哲学者〕によってフランスに紹介され始めた。[203] 基本的テクストがいまではフランス語で読めるようになっている。[204] 二〇一二年に〈動物の世界〉という論題が哲学のアグレガシオン〔フランスの大学教授資格試験〕の公的プログラムに組み込まれた。ノースカロライナ州立大学の教授トム・リーガン〔一九三八〜二〇一七〕の動物倫理学の古典的著作が三十年遅れで翻訳された。[205] われわれはようやくステファヌ・フェレ〔一九六〇年生、フランスの作家・哲学者〕が言う知的淀みから浮上しつつある。フェレは次のように指摘している。「哲学分野について言うと、環境と政治的生態学《エコロジー》の倫理に関するフランスの状況は新石器時代の段階である。カトリーヌ・ラレールとヒシャム゠ステファヌ・アフェイサの素晴らしい仕事を除いたら、このテーマに関する書物の大半は貧弱なものであり、知識人は明らかに沈黙を決め込んでいる。最先端の哲学者の誰ひとりとしてこのテーマについて評価に値するテクストをほとんど書いていない。また大学教授の哲学者の書いたものはましなものでも知識が不足しているし、最悪の場合には悪意に満ちたものである(206)」。

ステファヌ・フェレのこの意見は、社会学者のエドガール・モラン、哲学者のジャック・デリダ(207)、エリザベット・ド・フォントネ〔一九三四年生、フランスの哲学者〕あるいはドミニク・レステル〔一九六一年生、フランスの哲学者、動物行動学者〕など、この問題に注目している学者たちに対していささか手厳しすぎるが、フランス人ラマルクとともに誕生した自然主義的世界説明の伝統のあるこの人権の尊重をうたう国を再審に付すことは重要である。ここはドイツの偉大な生物学者エルンスト・マイアに締め括ってもらおう。マイアは、ダーウィンが自分の転覆的思想を承認させるために繕った見かけに騙されていない。「ダーウィン革命は当然にも多くの科学革命のなかで最も大きな革命であった。ダーウィン革命は、〈種は不変である〉という〉ひとつの科学理論を別の科学理論で置き換えた。しかしそれだけにとどまらず、ダーウィン理論は人間が自らの手で世界とおのれ自身をつくったという考えを再考せざるをえなくした。より正確に言うなら、この理論は西洋で最も広く共有されている考えのいくつかを捨て去ることを要求したのである。ダーウィン革命は、物理学の世界で起きた激変（コペルニクス、ニュートン、アインシュタイン、ハイゼンベルクなど）とはちがって、人間の倫理や奥深い思い込みについてさまざまな問いを引き起こした。この新たなパラダイムは新たな世界観の役割を担うことになったのである[208]」。

オリヴィエ・アンリ＝ルソー〔ペルピニャン大学名誉教授〕は、〈ダーウィンと彼の継承者〉についての本〔*Darwin et ses héritiers: Au-delà des querelles*, 2009〕の冒頭で、「熱狂的支持か激烈な非難かというメディア状況のなかで、ダーウィニズムの射程をよく見極めなくてはならない」と記している。私はこの進化論の父についてのさまざまな見方を整理することによって、この善悪二元論的論理からわが身を解き放つことができたと考えている。ダーウィンの身辺雑記や伝記を基にして実像を復元していく過程――それがこの本の唯一の目的ではなかったけれど――は、この偉人との対決を強いるものでもあり、彼が維持し続けた影の部分や誤解――それは多くの場合意図せざるものであった――をも明らかにすることになった。この誤解は逆説的にも、彼のイメージを損傷する前に彼に恩恵を与えたものでもある。その後、遺伝法則、突然変異、染色体、遺伝子、後成説、利他行動生物学、家族選択、狩猟をめぐる動物社会と人間社会との類比などに関して相次いだ科学的発見は、結果として、道徳学者としてのダーウィンの人間についての実りある発見を補完するとともに、その純粋に生物学的な発見をも補完する重層的で豊穣な領域をもたらした。ダーウィンを起源とするこの二重のメッセージは当時、世間に認めさせることがきわめて難しく、そのため彼は選択を余儀なくされた。ダーウィンはまず自分の発見の科学的内容を優先的に公表することを選んだが、このことすらまだ十分に受け入れられていない。そして彼は議論の余地のある哲学的内容を隠蔽しようとしたが、これもまだごく少数の者の間でしか承認されていない。

進化の概念にしてからが理解するのがきわめて難しいため、オルセイ大学〔パリ第十一大学、先進的研究型大学として著名〕の生物学専攻の学生でも、この概念について正確に答えることができたのは二〇〇九年の時点で二パーセントにとどまる。一二パーセントの学生は人間を動物界に位置づけることを拒否するか、かつて何種類もの人間が共存していたことを否定した。三二パーセントの学生は進化論は仮説にすぎないと考えていた。したがってダーウィンの理論は、世間で言われるほど――またダーウィン自身が言うほど――単純でも明白でもない。ダーウィンが、進化の理論が人間にもたらす影響の危険性について考え、これを最小化しようとしたことは正しかっただろう。ダーウィンは、その影響が宗教、道徳、経済、政治などに関する不毛な論争を引き起こすことによって、彼の科学的理論の承認を妨げるだろうと考えていた。ウォレスが進化の理論の創造者であったなら、彼自身が認めているように、これを確立することはできなかっただろう。それに対して、ダーウィンの慎重なコミュニケーション戦略は彼の気質や確信に適合したものであり、社会ダーウィニズムについての当初からの大きな誤解にもかかわらず、決定的有効性を発揮した。ダーウィンという、この慎み深い野心家、この革命的ブルジョワ、この火を盗む臆病なプロメテウスは、天地創造の問題を解消したが、それがヴィクトリア朝の社会に影響をもたらすものではないことを信じ込ませ、この問題をウエストミンスター寺院に盛大に埋葬したのである。

しかしダーウィンは同時に〈人間的例外〉という究極の問いを引き起こし、ウォレスによればダーウィンはそれに答えることができなかった。ウォレスの方はこの問いに対して、〈超自然〉という概念のなかに逃げ込んだ。われわれはこの本のなかで、現代的な生物学の知を活用しながらダーウィンの唯物論的問いを引き継いできた。この最後の扉を開くために、われわれはひとつの単純な鍵を提案した。すなわち、人間種は社会性捕食動物として協同的な生活様式を営む唯一無二の猿である、ということだ。人間は遺伝子的にはチンパンジーに近いが、狼と同じ生態的地位を占めている。そして動物界において、霊長類の知性とイヌ科の協同的社会心理とを併せ持つ独自の存在なのである。

生物学者であり哲学者でもあるジャン・ロスタンは、ダーウィン思想のこの二重の顔貌を直観的に把握した。この二重性のうち知的・競争的能力はわれわれの本性に深く根差しているのだが、比較的最近出現した文化的色彩の強い相互扶助の能力は、われわれの本性にそれほど深く根差しているわけではない。ロスタンはこう書いている。「人間は自分が知的動物であることを忘れようとしないが、社交的動物であることを忘れることがある」[209]。われわれが狼と心理的共通性があるというこの理論は、われわれのなかで最も人間的なものと見なされる特徴の源に関わるものであるが、それはわれわれの起源が動物であるという理論よりもさらに攪乱的なものである。しかし私には、これが〈人間的例外〉を無理なく説明することができる唯一の理論であるように思われる。この見方は偶像破壊的である。なぜなら、ダーウィンの言うように、人間のなかに狼よりも猿を見ること——その社交性を称えながら——の方が、はるかにたやすいことだからである。

私は読者の方々に考えていただく材料を提供しながら、読者の方々に進化の科学についての私の知識を共有してもらいたいと願う。そしてこの複雑かつ幻惑的な進化に関する問いを明晰に見る思考を推し進めていただきたいと思う。この問いは、望むと望まざるとにかかわらず〈社会的〉な関わりを有するものであるがゆえにいっそう、単に科学的次元においてだけでなく、われわれ自身のあり方に直接関わるものだからである。いつの日か、ダーウィン、進化理論、生物学、自然、生得性、遺伝学といったものが、左翼と社会科学によって閉じ込められてきた（そして左翼と社会科学がおのれ自身をも閉じ込めてきた）〈煉獄〉から解放されることを願おうではないか。自然科学と人間科学は、人間本性の動物性を冷静に議論しようと望むなら、相互に補い合わなくてはならない。競争と協同を和解させ、われわれを取り巻く混乱と蒙昧から、少なくとも個人的に身を解き放たねばならない。

ARBRE DE LA SCIENCE

訳者あとがき

本書は以下の書物の全訳である。Pierre Jouventin, *La face cachée de Darwin : L'animalité de l'homme*, Libre & Solidaire, 2014.

一介の現代思想研究者にすぎない私が畑違いのこの本を訳すことになったのは、パリ在住の年来の友人で理系文系に跨がる豊富な知識を有する呂明哲さんが昨年秋おもしろいから読んでみたらと連絡してきたのがきっかけだった。当時抱えていた翻訳の仕事（フランコ・ベラルディ（ビフォ）『第三の無意識』航思社、二〇二四年）の目鼻がついたので、呂さんの誘いにのって読みはじめたら止まらなくなった。私がダーウィニズムについて無知だったこともあるのだろうが、ダーウィンの進化論を生物学者や自然科学者のみならず社会科学者や革命家をも巻き込んだ歴史的論争に依拠しながら現代社会の思想的問題にまで引きつけて論じる叙述に魅了されたのである。そこで法政大学出版局の馴染みの編集者高橋浩貴さんに翻訳出版を持ちかけ、高橋さんもすぐに対応してくれて翻訳作業を進めることになったというしだいである。

なにせこれまでの私の訳書の著者たちと違ってまったく未知の著者なので、呂さんに尋ねたりネットで調べたりして著者に関する情報を仕入れた。著者のピエール・ジュヴァンタンは一九四二年生まれのフランスの生物学者（とくに鳥類の専門家）でCNRS（国立科学研究センター）の研究ディレクターを長年務めた学者である。日本語に翻訳されている本も一冊ある。『ペンギンは何を語り合っているか』（青柳昌宏訳、どうぶつ社、一九九六年）という本で早速入手してみたが、これがタイトルから想像したイメージとは違って専門性が極度に高い内容だったので、興味深い箇所を拾い読みする程度に終わった。しかしYouTubeで彼がダーウィンについて語っているインタビューを見ることができたので、どんな人かおおよその見当はついた。また、ジュヴァンタンは本書のなかで自分の来歴や関心について随所で語ってもいるので、私だけでなく読者にとってもそれで十分だと判断し、ここではこれ以上言及しないでおきたい。

ひとつだけ付言しておくなら、ジュヴァンタンはインタビューのなかで、自分はペンギン学者であるが一貫してダーウィンの進化論に関心を持ち続け、定年で教育研究職をやめたらダーウィンについて本格的に研究をするつもりであったと述べている。その成果が本書であるというわけだ。

本書は著者の執筆動機と自己主張が明解に展開されている十分に自己完結した書物なので、よけいな解説は不要であろう。というよりも、生物学者でもない私がよけいな注釈を加えたら要らざる混乱を招く恐れがあると思われるので差し控えることにしたい。

ただそう言っただけで済ましてしまったら、訳者としていかにも無責任になるかもしれないので、ここでは本書を読みながら触発された私の問題意識の一端を述べて訳者としての最低限の義務を果たすことにする。いわばジュヴァンタンの「ダーウィン論」の延長であり、本書からの出航であり漂流でもある。

著者の叙述を牽引する導きの糸は、ダーウィンは知られているようで知られていない謎めいた人物であり、そのため彼の進化論はさまざまな亜流を生み出したという基本認識、そしてそうしたダーウィン以後のダーウィニズムの問題をダーウィン本人の言説や行動に照らしながら解き明かすとともにダーウィンの実像を復元しようとする強い意志である。

ダーウィンは『種の起源』ではさまざまな思惑から種としての人間の問題を論じることをあえて回避したが、十二年後の『人間の由来』では人間について言及せざるをえなくなった。というよりも人間について取り上げざるをえなくなったので『人間の由来』を執筆したとも言える。ジュヴァンタンはその経緯を詳細にたどりながら、ダーウィンの内奥にせまっていく。そしてダーウィンを歪曲するさまざまな亜流からダーウィンの実像を奪還して復元しようとする。そこに浮かび上がってくるのは、単なる科学的生物学者としてのダーウィンにとどまらぬ文化人類学者あるいは哲学者としてのダーウィン像である。ダーウィンの進化論は生物学と人文学、自然科学と社会科学を密接に結びつけなくては、その本質にせまることはできないという著者の確信が繰り返し述べられる。そしてそうした著者の立脚する思想的立場は、現代社会の政治や文化、とくにエコロジー問題など先端的な課題に結びついていく。

ダーウィンが提唱した進化の原動力としての「自然選択」（説）は、人間界に適用されたときダーウィニズムのさまざまな〈偏流〉を生み出したが、とりわけ「生存闘争」における「競争原理」という考えが強調されてきた。しかしダーウィンの記述を子細に読むと「競争原理」を補完する「協同原理」というもうひとつの機軸を抽出することができる。この考えを主張し発展させてダーウィニズムに新たな地平を切り開いたのがクロポトキンである。ジュヴァンタンは「競争原理」に重点を置く主流派ではなく、「協同原理」に依拠してダーウィンを読み解くクロポトキンの古典的アナキズムの発想に寄り添いながらダーウィニズムのアクチュアリティを主張する。ダーウィンのクロポキン的読み方については、進化生物学者千葉聡が最近『ダーウィンの呪い』（講談者現代新書）という著書のなかでも言及している。いずれにしろ、進化論におけるこの「競争」と「協同」の併存という問題は、人間界に適用した場合、さまざまな連想を誘うアクチュアルな課題であり続けていると言えるだろう。この問題はまた、現代のエコロジー問題の集大成をはかったフランスの思想家フェリックス・ガタリが主張する「三つのエコロジー」（拙訳『三つのエコロジー』平凡社ライブラリー版参照）の問題でもある。

本書の副題が「人間の動物性」（邦訳では「人間の動物性とは何か」とした）となっていることに留意しよう。人間は動物界のなかで最上位に位置する「王」ではなく、基本的に他の動物と変わりはない一動物的存在であることをダーウィンは示唆している、とジュヴァンタンは本書で繰り返し述べている。しかしこの考えは実のところ歴史的にも現在的にも多くの人々の共通認識になっているわけではない。ちなみにイスラエルの国防相が、自らが殺戮し続けているパレスチナ人のことを〈Human Animal〉（人間の姿をした動物）と呼んだことは記憶に新しい。イスラエルがガザで行なっている残虐行為を考えると、逆説の極致ともいうべきこの発言の裏には、他方で人間は動物とは画然と異なった高度な知的能力を持った優れた生物であり、動物は知性に乏しく野蛮で劣った生物であるという西洋(欧米日)で一般に流布している誤った人間(動物)認識が隠されていることに注目しなくてはならない。そういう前提的認識が広く受け入れられているがゆえに、ダーウィンの進化論と決定的に矛盾するこの発言の根本的錯誤はなんら社会的問題にならなかったのである。このことはまた、世界(人間を頂点とする生物界)は神が創造したという西洋(欧米)の抜きがたい信仰世界とも深く結びついている。「神を殺した男」とも言われるダーウィン(丹治愛著『神を殺した男――ダーウィン革命と世紀末』講談社参照)が、当時のヴィクトリア朝時代の風潮や敬虔なキリスト教徒である妻との確執を避けるために多大の配慮と努力をしたこと(それがダーウィンの著書にも内面を吐露したメモ帳にも如実に現れていること)が本書で詳細に述べられている。ジュヴァンタンの記述を読んでいると、「それでも世界(生物)は神の創造物ではない」というガリレオ流のダーウィンの嘆息と確信が聞こえてくるようである。この神による天地創造という考えは、進化論によって過去の遺物として葬り去られたのではなく、現在もなお人々の集合的主観性を通して圧倒的な思想的影響力を保ち続けていることをジュヴァンタンは具体的事例を挙げながら繰り返し強調している。その意味でダーウィンの進化論は社会的になお未完のまま残されているのであり、そこに内包されているさまざまな発見や考察の多面的反響は、動物界や人間界の現在と未来に深い影を落とし続けているのである。

他方、人間は遺伝子的には猿との類縁関係が確証されてきたが、生態学的・心理学的には狼と類縁関係がある、とジュヴァンタンは主張する。この主張をどう考えるかは、生物学や動物行動学の専門家のみならず人文科学者や社会科学者、さらにはわれわれ一般人にも課された問いであろう。ジュヴァンタンのこうした主張を地球規模のエコロジー的課題に引きつけてその含意を広げていくと、フェリックス・ガタリの言う地球内存在としての動物である人間を根本的に規定する「自然」「社会」「精神」から成る「三つのエコロジー」のテーマと関連してくる。ガタリは主に「動物としての人間の人間性」を問題にしたのだが、これは裏返して言うなら、「動物としての人間の動物性」の問題である。ジュヴァンタンの考えを敷衍して言うなら、人間は〝スーパーモンキー〟かつ〝スーパーオオカミ〟であるということになるが、狼が絶滅の危機に瀕していることが頭をよぎる。

しかし人間が他の動物と同列に論じられるべき存在であるとしても、人間が他の動物に比べてとびきり変異的な動物であることは誰しも否定できないだろう。この問題をジュヴァンタンは動物界における「人間的例外」と命名して、ダーウィンもこの問題に悩んだこと、そして決定的な見解にはいたらなかったことを詳述し、「人間的例外」はなぜ生じたかという問題はいまもなお未決の課題としてアクチュアリティーを保ち続けていることを示唆している。

この問題について考えるためにわれわれが生きている現代という時代の世界情勢を参照軸にしてもあながち的外れではないだろう。なぜなら世界情勢は動物としての人間の進化の現状を映し出す鏡のひとつだからである。そしてこの参照軸に照らすと、ダーウィンの進化論の機軸である二つの原動力、人間界において歴史的に形成されてきた「競争」と「協同」の混交的展開の問題に立ち戻らねばならないことになる。

ネオリベラリズムとナショナリズムという一見相反するイデオロギーが逆説的に結合して世界を席

巻し、人類のあり方を環境的・社会的・精神的に危機に追い込んでいる現状は、「競争原理」が「協同原理」を圧倒し凌駕しているところに原因があると見ることができる。今後はたして「協同原理」が力を回復して「競争原理」を凌駕することは可能であろうか。本書でダーウィンを引き継いでジュヴァンタンが言うように、「重要なのは競争と協同の均衡を図ることであり、そうやって人間を含むエコシステムと諸社会を諧調的に機能させることであろう」が、現状はその真逆の事態に陥っているのではないかと思わせる現象に満ちている。「人間的例外」の特性のひとつが、人間は「自由意志」にしたがって「道徳的」に思考し行動する動物であるという点にあるとして（なぜそうなったかという生物学的理由はこのさい脇に置いて）、この「自由意志」がもっぱら「競争原理」にひきずられて「協同原理」をないがしろにしつづけてきた長い歴史を考えると、人間の進化の未来に対して悲観的にならざるをえない。「競争」と「協同」の混交的展開だけでは「進化」の先が読めない事態が生じているのである（言い古されたことだが「進化」と「進歩」を混同しないようにしよう。「進化」は必ずしも「進歩」ではない）。そこには、なにか得体の知れない「第三の要素」の介入が始まっているような気配も感じられるのだが、自然界に発源するネガティブな「第三の要素」の介入はおそらく人類の滅亡に通じるだろう。滅亡を免れるには「進化」のポジティブな方向付けを触発する「第三の要素」が必要ではないかと私には思われる。そのポジティブな「第三の要素」とは何か。それは現在の地球の自然環境の惨状から見て、自然界に発源するとは考えにくい。惨状に変わりはないとしても、ここはとにもかくにも人間界にその源泉を求めるしかあるまい。ひとつ言えることは、このポジティブな「第三の要素」の手がかりは、ひとえに人間の「自由意志」の創造性にかかっているということだ。付言するなら、この「自由意志」の創造性には個人的・集合的な「無意識」の精神領域が深く関与しているのではないかと私には思われる。つまり人間の「進化」に及ぼす「意識」と「無意識」の混交的影響、この未開拓の領域が「人間的例外」の最大の問題として浮上してきているように思われるのである。言い換えるなら、無意識が意識にどのように働きかけるか、あるいは逆に意識が無意識にどのように働きかけるかということだが、そもそもそのような意識と無意識の相互作用が行なわれる精神空間が人間という動物の生命構成体のなかに存在しているかどうか定かではない。これはあくまでも仮説である。しかしそうした精神空間が存在しないとも言い切れないだろう。また存在しないとしたら、人間の進化の歴史は変異なき袋小路に陥り閉ざされてしまうのではないかと私には思われる。

本書は一方で高度な生物学的専門性を備えながら、他方で一般読者がダーウィンの「進化論」をいかに引き継ぐかについて考えるための豊富な思想的素材を提供してくれる奥深い内容を備えている。硬直したイデオロギーが科学を偏狭にすることを忌避して、現実に対して柔軟な見方を保ったまま思想と科学の新しい地平を切り開こうとする方向（ダーウィンもそのように志向したと著者は言う）に向かって精神を鼓舞してくれる賦活的な本である。確固たる科学的知識と社会的知見を兼備する自然科学者が書いた比類なき思想書とも言えるだろう。私はそう読んだ。読者の方々には、本書との出会いをきっかけに、進化のゆくえについて地球動物としての人間の想像力をはばたかせていただければ、私としては訳者冥利につきると言わねばならない。

今回も法政大学出版局の高橋浩貴さんの丁寧な編集作業のお世話になった。記して謝意を表したい。

二〇二四年七月　杉村昌昭

著　者

ピエール・ジュヴァンタン（Pierre Jouventin）
1942年、マルセイユ生まれの動物行動学・生態学者。モンペリエ第2大学にて博士号を取得。1985年よりフランス国立科学研究センター（CNRS）のシゼ生物学研究センター所長を務める。特に鳥類と哺乳類および南極の生態学を専門とし、ペンギンの研究で知られる。日本語訳に『ペンギンは何を語り合っているか——彼らの行動と進化の研究』青柳昌宏訳、どうぶつ社、1996年がある。

訳　者

杉村昌昭（すぎむら・まさあき）
1945年生まれ。龍谷大学名誉教授。フランス文学・現代思想専攻。著書に『資本主義と横断性』（インパクト出版会）、『分裂共生論』（人文書院）、訳書にF. ガタリ『分子革命』『精神と記号』（以上、法政大学出版局）、『三つのエコロジー』（平凡社ライブラリー）、『闘走機械』（松籟社）、『人はなぜ記号に従属するのか』『エコゾフィーとは何か』（以上、青土社）、F. ガタリ／G. ドゥルーズ『政治と精神分析』（法政大学出版局）、F. ガタリ／A. ネグリ『自由の新たな空間』（世界書院）、F. ガタリ／S. ロルニク『ミクロ政治学』（共訳、法政大学出版局）、F. ドス『ドゥルーズとガタリ』（河出書房新社）、E. アザン『パリ大全』（以文社）、G. ジェノスコ『フェリックス・ガタリ』（共訳、法政大学出版局）、M. ラッツァラート『耐え難き現在に革命を！』（法政大学出版局）、J. ブランコ『さらば偽造された大統領』（共訳、岩波書店）、M.-M. ロバン『なぜ新型ウィルスが次々と世界を襲うのか？』（作品社）、チャールズ・W. ミルズ『人種契約』（共訳、法政大学出版局）、E. モラン『知識・無知・ミステリー』（法政大学出版局）、『戦争から戦争へ』（人文書院）、F. ベラルディ（ビフォ）『第三の無意識』（航思社）などがある。

《叢書・ウニベルシタス 1177》
ダーウィンの隠された素顔　人間の動物性とは何か

2024年 9 月20日　初版第 1 刷発行

ピエール・ジュヴァンタン
杉村昌昭 訳
発行所　一般財団法人　法政大学出版局
〒102-0071 東京都千代田区富士見2-17-1
電話 03(5214)5540　振替 00160-6-95814
組版：HUP　印刷：日経印刷　製本：積信堂

Printed in Japan
ISBN978-4-588-01177-1

人名索引

ア行

カ行

サ行

タ行

ナ行

ハ行

マ行

ヤ行

ラ行

原　注

（1）パトリック・トール（Patrick Tort）はフランスの哲学者、言語学者、科学史家、認識論の理論家であり、国際チャールズ・ダーウィン研究所の創設者である。

（2）Ernst Mayr, *Histoire de la biologie*, Livre de poche, 1995, p. 667.

（3）これは当時観相学と呼ばれていたもので、スイスの牧師ヨハン・ラヴァーターによって発案されたものである。

（4）例えば以下を参照。« Wegener, le Darwin de la géologie » par Éric Buffetaut qui développe cette idée dans *Pour la science* de décembre 2012.

（5）Ernst Mayr, *Histoire de la biologie*, Livre de poche, 1995, p. 674.

（6）アルフレッド・ウォレス（Alfred Wallace）はイギリスの自然誌家、地理学者、探検家、人類学者、生物学者。

（7）Denis Buican, *Darwin et le darwinisme*, PUF, « Que sais-je ? », 1987, p. 74.

（8）エイサ・グレイ（Asa Gray）はアメリカの植物学者。

（9）*Magazine littéraire*, mars 1999.

（10）Jean Rostand, *Esquisse d'une histoire de la biologie*, Gallimard, 1945, p. 176.

（11）Olivier Henri-Rousseau, *Darwin et ses héritiers, au-delà des querelles*, éditions Artège, 2009, p. 114.

（12）例えば以下を参照。*Darwin contre Darwin, comment lire L'Origine des espèces*, par Thierry Hoquet publié au Seuil en 2009.

（13）André Pichot, *La Société pure, de Darwin à Hitler*, Flammarion, 2000, et *Aux origines des théories raciales, de la Bible à Darwin*, Flammarion, 2008.

（14）http://harunyahya.fr/fr/Livres/4110/latlas-de-la-creation-

（15）Jacques Costagliola, *Faut-il brûler Darwin ? ou l'imposture darwinienne*, L'Harmattan, 2000.

（16）ジローラモ・カルダーノ（Girolamo Cardano）、フランスではジェローム・カルダン（Jérôme Cardan）はルネサンス期イタリアの医師、数学者、哲学者。

（17）R. Colp, *To be an invalid. The illness of Charles Darwin*, Chicago University Press, 1987 ; John Bowlby, *Charles Darwin, une nouvelle biographie*, PUF, « Perspectives critiques », 1995 ; Adrian Desmond et James Moore, *Darwin, The life of a tormented evolutionist*, Norton and Cy, 1991.

(18) PCRは遺伝子増幅技術であり、混合体のなかにわずかでも存在しているDNAや遺伝子の断片を特定して、それを急速に増やすことを可能にするものである。

(19) 原文は*E pur si muove*. 文字通りには「それでも動く」。

(20) 以下の本に引用されている。Yves CHRISTEN, *Marx et Darwin, le grand affrontement*, Albin Michel, 1981, p. 13.

(21) Éric BUFFETAUT, *Cuvier, le découvreur de mondes disparus*, Pour la science, novembre 2002, p. 74.

(22) Ernst MAYR, *Histoire de la biologie, op. cit.*, pp. 516–517.

(23) *An essay on the principle of population, as it affects the future improvement of society* (1798).

(24) エルンスト・マイア（Ernst Mayr, 1904–2005）はドイツの鳥類学者、生物学者、遺伝学者。

(25) Ernst MAYR, 1995, *Histoire de la biologie, op. cit.*, p. 668.

(26) *Darwin et la pensée moderne de l'évolution*, Odile Jacob, 1993, p. 121.

(27) Ernst MAYR, 1995, *Histoire de la biologie, op. cit.*, p. 568.

(28) Thomas KUHN, *La Structure des révolutions scientifiques*, réédité en 2008 chez Flammarion, « Champs ».〔トマス・S・クーン／イアン・ハッキング序説『科学革命の構造』新版、青木薫訳、みすず書房、2023年〕

(29) « Human Selection », Alfred Russel WALLACEの1890年9月1日に発表された論文（*Fortnightly Review* n° 48, pp. 325–337）。

(30) インテリジェント・デザイン（Intelligent Design）は北米で大流行しており、神は細部までは介入しなかったが、全体のプランを構想したと想定している。

(31) Jean GUITTON, Grichka et Igor BOGDANOV, *Dieu et la science : vers le matérialisme*, Grasset, 1991 ; Grichka et Igor BOGDANOV : *Avant le Big Bang : la création du monde*, Grasset, 2004 ; *Voyage vers l'instant zéro*, EPA, 2006 ; *Au commencement du temps*, Flammarion, 2009 ; *Le Visage de Dieu*, Grasset, 2010 ; *Le Dernier Jour des dinosaures*, La Martinière, 2011 ; *La Pensée de Dieu*, Grasset, 2012.〔ボグダノフ兄弟（1949年生、グリシュカは2021年没、イゴールは2022年没）はSFから宇宙論まで多様なテーマを取り上げたフランスの双子のテレビ司会者〕

(32) *L'Animal moral, psychologie évolutionniste et vie quotidienne*, Gallimard, « Folio documents », réédition 2005.〔ロバート・ライト『モラル・アニマル』上下巻、竹内久美子監修、小川敏子訳、講談社、1995年。ライト（1957〜）はアメリカのジャーナリスト、科学作家〕

(33) Herbert SPENCER, *A system of synthetic philosophie*, 1864–1867.

(34) 以下の本に引用されている。HOFSTADTER R., *Social Darwinism in American*

Thought, Beacon Press, 1955, p. 45.

(35) 英語ではOnly the strong survives !

(36) J・B・イネスからダーウィンへの手紙、1878年12月1日(書簡11768)。

(37) 植物学者エイサ・グレイへの手紙の中にある言葉、1861年6月5日。

(38) Patrick TORT, dans *Dictionnaire du darwinisme et de l'évolution*, PUF, vol. 1, 1996, pp. 1334–1335.

(39) PICHOT A., *La Société pure, de Darwin à Hitler, op. cit.*

(40)「ピショは、ダーウィンが当時の社会的議論に介入したこの有名な一節が自分の説と齟齬をきたすために、この一節の前で引用を止めた」。Denis BUICAN et Cédric GRIMOULT dans *L'Évolution, histoire et controverse* aux éditions du CNRS, 2011, p. 162.

(41) *La Descendance de l'homme et la sélection sexuelle*, éditions Complexe, 1981, t. 2, p. 677.〔『人間の由来』下巻、長谷川眞理子訳、講談社学術文庫、490頁〕

(42) Claude BLANCKAERT, « L'Anthropologie au féminin : Clémence Royer (1830–1902) », *Revue de synthèse*, 1982, n° 105, pp. 23–38.

(43) Clémence ROYER, « Darwinisme », dans *Dictionnaire encyclopédique des sciences médicales*, 1880.

(44) 以下の本による。Geneviève FRAISSE, *Clémence Royer, philosophe et femme de sciences* publié en 1985 et réédité en 2002 par La Découverte.

(45) 以下に記されている。Paul BROCA, *Revue d'anthropologie*, 1872.

(46) Linda CLARK, *Social Darwinism in France*, University of Alabama Press, 1984.

(47) A. VERNIER, « Causerie scientifique », dans *Le Temps* du 5 octobre 1869.

(48) 以下のインタビューによる。Geneviève Fraisse interviewée dans *L'Humanité* du 16 octobre 2002.

(49) P.-J. HAMARD, abbé, *L'Âge de la pierre et l'homme primitif*, éditions Haton, 1883.

(50) Joachim GIRALDES, « Discussion sur le transformisme », *Bulletins de la Société d'anthropologie de Paris*, 1870, n° 5, pp. 622–627.

(51)「クレマンス・ロワイエについて―― 1897年3月10日に行われたクレマンス・ロワイエ夫人を讃える晩餐会で、人類学協会を代表してCh.ルトルノー氏が行ったスピーチ」(*Revue de l'École d'anthropologie de Paris*, 1897)。

(52) フランシス・ゴルトン(Francis Galton)は科学者、チャールズ・ダーウィンの従兄弟。

(53) 文庫クセジュのPatrick TORT, *Darwin et le darwinisme*, PUF, 2005, pp. 63–67、またはドゥニ・ビュイカンによる同文庫、同名の旧版〔BUICAN, *Darwin et le darwinisme*, PUF, 1987〕を参照のこと。われわれの引用はこれによる。

(54) Francis Galton, « *Hereditary Improvement* ». これは以下の雑誌に掲載された論文。*Fraser's Magazine* de janvier 1873, page 116.

（55）『純粋社会――ダーウィンからヒトラーまで（*La Société pure de Darwin à Hitler*）』（Flammarion, 2000）というタイトルからして内容は推して知るべし。ピショは生物学者なのだから十分な知識を備えているはずなのに。

（56）*Darwin n'est pas celui qu'on croit*, éditions Le Cavalier bleu, 2010, pp. 85–87.

（57）これはダーウィンが地上の物質的世界に固執していたということではなく、彼は超自然的なものに訴えない科学的方法論の立場に立っていたということである。

（58）この言葉は以下の本に引用されている。Guy THUILLIER, cité par Jacques RUFFIÉ, *Traité du vivant*, Fayard, 1982, p. 645.

（59）T4作戦とは、第2次世界大戦後、ナチスによる精神障害者、身体障害者、あるいは単に望まれざる者などのシステマティックな抹殺作戦を指すために用いられた呼称である。

（60）« *How extremely stupid of me not to have thought of that.* »

（61）*La lutte pour l'existence et sa signification pour l'homme*（1888）.

（62）例えば以下の本を参照。Patrick TORT, *Darwin n'est pas celui qu'on croit, op. cit.*

（63）原題は *On the origin of species by means of natural selection or the preservation of favored races in the struggle for life*, 1859.

（64）Fritz FISCHER, *Les Buts de guerre de l'Allemagne impériale*, Éditions de Trévise, 1961. ならびにThomas LINDEMANN, *Les Doctrines darwiniennes et la guerre de 1914*, Economica/Institut de stratégie comparée, 2001.

（65）とくに以下を参照。*Totem et tabou*, 1913, dans *Œuvres complètes*, volume XI, PUF, 1998, pp. 189–387.

（66）Pascal PICQ, « Darwin, Freud et l'évolution »を参照。これは2010年12月に雑誌に発表された論文でフロイトと精神分析に対してひじょうに批判的である（*Science et pseudo-sciences*, pp. 36–49）。

（67）*Introduction à la psychanalyse*, 1916, et « Une difficulté de la psychanalyse », article paru en 1917 dans une revue hongroise.

（68）無意識の概念は、実際には、ライプニッツ、フォン・ハルトマン、ショウペンハウアー、シュティルナー、ニーチェなど19世紀の哲学者たちによって発見されたものである。

（69）詳細は以下を参照。Lucille RITVO, *L'Ascendant de Darwin sur Freud*, Gallimard, 1992.

（70）Cf. *Les Enfants de Caïn*（Stock, 1963）, *L'Impératif territorial*, Stock, 1967.

（71）*Le Singe nu*, Livre de poche, 1971, mais aussi *L'Agressivité nécessaire* d'Antho ny STORR（Robert Laffont, 1969）, *Entre hommes* de Lionel TIGER（Robert Laffont, 1969）et *L'Animal impérial* de Lionel TIGER et Robin FOX（Robert Laffont,（1973）.〔ライオネル・タイガー、ロビン・フォックス『帝王的動物』

増補新装版、河野徹訳、新思索社、1989年〕

(72) 詳細は以下の2冊の拙著を参照。Pierre JOUVENTIN : *Kamala, une louve dans ma famille* paru chez Flammarion en 2012 et *Trois prédateurs dans un salon : le chat, le chien et l'homme* paru chez Belin en 2014.

(73) FLN（民族解放戦線）は1954年、フランスからの独立を求めて創設されたアルジェリアの政党である。

(74) Celli GIORGIO, « Konrad Lorenz, les génies de la science », *Pour la Science*, février 2003, p. 58.

(75) 例えば〈社会的刷り込み〉という現象は一般にローレンツの発見とされているが、実際にはオスカル・ハインロートの発見である。〔ハインロート（1871～1945）はドイツの生物学者〕

(76) ラテン語では « bellum omnium contra omnes ».

(77) « Darwinisme et économie », le *Magazine littéraire*, mars 1999, p. 46.

(78) Gertrude HIMMELFARB, *Darwin and the darwinian revolution*, Garden City, Doubleday, 1959, p. 8.

(79) 〔カール・フォン・〕シェルツァー博士に宛てた12月26日の書簡。Cf. Gérard Molina, « Darwin au piège des idéologies politiques », *Magazine littéraire*, mars 1999, p. 40.

(80) 海底の砂の中に生息する原基的組織を有している小動物。

(81) 書簡の中におけるダーウィン自身の言い回し。

(82) この小冊子は2012年にパトリック・トールのテクストを付してéditions Arkhêより再刊された。

(83) これはブルジョワ遺伝学のことであるが、グレゴール・メンデルとトマス・モーガンによって資本主義諸国で構想されたためにこう呼ばれた。

(84) Jacques MONOD, *Le Hasard et la nécessité, essai sur la philosophie naturelle de la biologie moderne*, Seuil, 1970.〔ジャック・モノー『偶然と必然――現代生物学の思想的問いかけ』渡辺格・村上光彦訳、みすず書房、1972年〕

(85) 詳細はこの暗黒の時期を生きたドゥニ・ビュイカンの以下の本を参照。Denis BUICAN, *Lyssenko et le lyssenkisme*, PUF, 1988, et *Darwin et le darwinisme*, *op. cit.*

(86) このテーゼは以下の本で詳しく述べられている。Hervé GUYADER, *Penser l'évolution*, Imprimerie nationale/Actes Sud, 2012, pp. 204–205.

(87) Yann KINDO, « Des échos contemporains du lyssenkisme ? » dans *Science et pseudo-sciences*, octobre 2009, p. 85.

(88) Denis BUICAN, *L'Évolution, la grande aventure de la vie*, éditions Nathan, 1995, p. 139.

(89) このことについては以下の本で詳しく述べられている。Aleksandra KROH, *Petit traité de l'imposture scientifique*, Belin, 2009.

(90)「この思想潮流［ルイセンコ主義］はこうした相対主義の最も戯画的な体現であるが、これはわが国〔フランス〕においても、［ジャン・マルク・レヴィ＝ルブロンなど］ポスト68年のラディカルな科学批判の潮流、あるいはブルーノ・ラトゥールに体現される科学社会学構想などを通して、アカデミックな議論の中にも現れている」。Yann KINDO, « Des échos contemporains du lyssenkisme ? » dans *Science et pseudo-sciences,* octobre 2009, p. 89. Voir aussi Denis BUICAN, *L'Éternel retour de Lyssenko,* éditions Copernic, 1978.

(91) *Mutual Aid, a Factor in Evolution.*〔ピョートル・クロポトキン『相互扶助論――進化の一要素』大杉栄訳、1924年、春陽堂。2012年に増補修訂版、2017年に同新装版が同時代社より刊行された〕

(92) これはアンドレ・ピショの以下の本の中で引用されている。A. PICHOT, *La Société pure,* Flammarion, 2000, p. 101.

(93) A. LORIA, « Le Darwinisme social », *Revue internationale de sociologie,* 1896, p. 12.〔アシル・ローリア（1857–1943）はイタリアの政治経済学者〕

(94) Richard DAWKINS, *The Selfish Gene,* Oxford University Press, 1976 ; Le Gène égoïste, Odile Jacob Poches, 2003.〔リチャード・ドーキンス『利己的な遺伝子』40周年記念版、日高敏隆・岸由二・羽田節子・垂水雄二訳、紀伊國屋書店、2018年〕

(95) *Nature* du 17 mars 1977.

(96) ポール・ロバン（Paul Robin, 1837–1912）はフランスにネオマルサス主義を導入した自由主義教育者。

(97) Edgar MORIN, *Le Paradigme perdu : la nature humaine,* Seuil, 1973.〔エドガール・モラン『失われた範列――人間の自然性』古田幸男訳、法政大学出版局、1975年〕

(98) Bertrand JORDAN, *L'Humanité au pluriel, la génétique et la question des races,* Seuil, 2008, p. 12.

(99) Jean DEUTSCH, *Le Concept de gène,* Seuil, « Science ouverte », 2012.

(100) 1965年、ジャック・モノー、フランソワ・ジャコブ、アンドレ・ルヴォフは、メッセンジャーRNAの役割の研究によってノーベル医学賞を受賞した。

(101) Éric J. NESTLER, « Le cerveau modelé par l'environnement », *Pour la Science,* décembre 2013, pp. 98–103.

(102) *La Culture est-elle naturelle ? – Histoire, épistémologie et applications récentes du concept de culture* sous la direction d'A. DUCROS, J. DUCROS et F. JOULIAN publié en 1998 aux éditions Errance, « collection des Hespérides ».

(103) Philippe DESCOLA, *Par-delà nature et culture,* Gallimard, 2005.〔フィリップ・デスコラ『自然と文化を越えて』小林徹訳、水声社、2020年〕

(104) Gérald BRONNER, et Romy SAUVAYRE (dir.), *Le Naturalisme dans les sciences sociales*, éditions Hermann, 2011.

(105) Kinji IMANISHI, *Le Monde des êtres vivants, une théorie écologique de l'évolution*, Wildproject éditions, 2011.〔今西錦司『生物の世界』講談社文庫、1972年／中公クラシックス、2002年〕

(106) Frans DE WAAL, *La Politique du chimpanzé*, Odile Jacob (trad. & rééd.), 1995〔フランス・ド・ヴァール『チンパンジーの政治学——猿の権力と性』西田利貞訳、産経新聞出版、2006年〕; *Le Bon Singe, les bases naturelles de la morale*, Bayard Science (trad.), 1997〔『利己的なサル、他人を思いやるサル——モラルはなぜ生まれたのか』西田利貞・藤井留美訳、草思社、1998年〕; *Le Singe en nous, Fayard* (trad.), 2006.〔『あなたのなかのサル——霊長類学者が明かす「人間らしさ」の起源』藤井留美訳、早川書房、2005年〕

(107) Boris CYRULNIK, *Mémoire de singe et paroles d'homme*, Hachette, 1983 et *Si les lions pouvaient parler, essais sur la condition animale*, ouvrage collectif, Gallimard, 1998 ; Florence BURGAT, *Animal, mon prochain*, Odile Jacob, 1997 ; Yves CHRISTEN, *L'animal est-il une personne ?*, Flammarion, 2009 et *L'animal est-il un philosophe ?*, Odile Jacob, 2013 ; Élisabeth DE FONTENAY, *Le Silence des bêtes-la philosophie à l'épreuve de l'animalité*, Fayard, 1998 ; Dominique LESTEL, *Les Origines animales de la culture*, Flammarion, 2001 ; Joëlle PROUST, *Comment l'esprit vient aux bêtes*, Gallimard, 1997.

(108) *Philosophie magazine* d'avril 2007.

(109) *Le Monde* du 25 juin 1998.

(110) Noam CHOMSKY, Reflections on language, Pantheon Books, 1975, p. 132.〔ノーム・チョムスキー『言語論——人間科学的省察』井上和子・神尾昭雄・西山佑司訳、大修館書店、1979年、197頁〕

(111) 以下の本に引用されている。Yves Christen, *Marx et Darwin*, *op. cit.*, pp. 76–77.

(112) 原文は*Dear Nigger*.

(113) Edward O. WILSON, *Sociobiology, a new synthesis*, Harvard University Press, 1975 ; traduit sous le titre *La Sociobiologie*, Le Rocher, 1987.〔エドワード・O・ウィルソン『社会生物学』合本版、伊藤嘉昭監修、坂上昭一他訳、新思索社、1999年〕

(114) この著者の考えを知るには以下の本を参照するとよい。WILSON E. O., *L'Unicité du savoir, de la biologie à l'art, une même connaissance*, Laffont, 2000.〔ウィルソン『知の挑戦——科学的知性と文化的知性の統合』山下篤子訳、角川書店、2002年〕

(115) ミードの文化決定論のバイブル的著作は、1983年、デレク・フリーマン（Derek Freeman）によって根本的に再審に付される。フリーマンはこ

の領域で8年間研究を続けた民族学者である。*Margaret Mead et les Samoa : fabrication et destruction d'un mythe anthropologique*（*Margaret Mead and Samoa : the making and unmaking of an anthropological myth*), Harvard University Press.

（116）サイエンス・フォー・ザ・ピープルというグループの急進派科学者。

（117）これは第三帝国の「全てを超えるドイツ」（*Deutschland über alles*）というスローガンのパロディーである。

（118）Marshall SAHLINS, *Critique de la sociobiologie*, Gallimard, 1980.

（119）Edward O. WILSON, *On human nature*, Harvard University Press, 1978 ; traduit chez Stock en 1979.〔これは原著者の誤りで、正しくはEdward O. WILSON, *Sociobiology, op. cit.* と思われる。邦訳は前掲ウィルソン『社会生物学』〕

（120）詳細は以下を参照。Yves CHRISTEN, *L'Heure de la sociobiologie*, Albin Michel, 1979 et Pierre JAISSON, *La Fourmi et le sociobiologiste*, Odile Jacob, 1993.

（121）Christine CLAVIEN, « Évolution, société, éthique : darwinisme social versus éthique évolutionniste » dans *Les Mondes darwiniens, l'évolution de l'évolution*, *op. cit.*, p. 889.

（122）Régis MEYRAN, « La culture est-elle dans les gènes ? », *Pour la science*, juin 2013, pp. 72–76.

（123）André PICHOT, *La Société pure, de Darwin à Hitler*, *op. cit.*, p. 89.

（124）Cf. Régis MEYRAN, « La culture est-elle dans les gênes ? » dans *Pour la Science*, *op. cit.*

（125）Cf. l'interview de Pietro CORSI dans *La Recherche* d'avril 2006, p. 38.

（126）William PALEY, *Natural theology or, evidences of the existence and attributes of the deity, collected from the appearances of nature*, 1802.

（127）以下に引用されている。Jean-Luc RENCK et Véronique SERVAIS, *L'Éthologie, histoire naturelle du comportement*, Seuil, 2002, p. 72.

（128）*The Spectator*, mars 1860.

（129）*Magazine littéraire*, mars 1999, p. 32.

（130）以下の本にも引用されている。Jean-Luc RENCK et Véronique SERVAIS, *L'Éthologie, histoire naturelle du comportement*, *op. cit.*, p. 72.

（131）Ernst MAYR, *Histoire de la biologie, diversité, évolution et hérédité*, *op. cit.*, p. 475.

（132）詳細は以下の本を参照。Pierre-Henri GOUYON, Jean-Pierre HENRY, Jacques ARNOULD, *Les Avatars du gène, théorie néodarwinienne de l'évolution*, Belin, « Regard sur la science », 1997.

（133）この考えは以下の本の中心テーマである。Thomas LEPELTIER, *Darwin hérétique, l'éternel retour du créationnisme*, Seuil, 2007.

（134）Philip Henry GOSSE, *Omphalos*, 1857, réédité en 1998 et en 2003.

（135）ジャン＝クロード・アメーゼン（Jean-Claude Ameisen）は免疫学者で以

下の本の著者。*Dans la lumière et les ombres – Darwin et le bouleversement du monde*, réédité chez Fayard/Seuil, 2011.

（136）ダーウィンからE・B・エイヴリングへの手紙、1880年10月13日（書簡 12757）。

（137）これは以下の本に詳しく述べられている。Yves Cristen, *Marx et Darwin*, Albin Michel, Paris, 1981, pp. 33–34.

（138）Adrian Desmond et James Moore, *The life of a tormented evolutionist*, Norton & Company, 1991.

（139）科学史家ジェイムズ・ムーア（James Moore）が以下のインタビューで述べている。*L'Express, hors-série sur Darwin*, 2009, p. 18.

（140）詳細は以下の私の3つのテクストを参照。Pierre Jouventin : « La domestication du loup », article paru dans *Pour la science*, janvier 2013 et deux livres *Kamala, une louve dans ma famille*, Flammarion, 2012 ; *Trois prédateurs dans un salon, le chat, le chien et l'homme*, Belin, 2014.

（141）*La Recherche*, avril 2006, pp. 51–52.

（142）この点については以下を参照。Guillaume Lecointre, *Les Sciences face aux créationnismes*, éditions Quæ, 2012. 特にこの本の末尾の議論が重要。

（143）Yves Christen, *Marx et Darwin, le grand affrontement, op. cit.*, p. 15.

（144）Condorcet, *Esquisse d'un tableau historique des progrès de l'esprit humain*, Flammarion, 1988, p. 77 et fin.

（145）Jérôme Ravat, « Morale darwinienne et darwinisme moral » dans *Les Mondes darwiniens, l'évolution de l'évolution, op. cit.*, p. 911. 本書におけるダーウィンの道徳観に関する引用はこの著者からの借用である。

（146）Charles Darwin, *Voyage d'un naturaliste autour du monde fait à bord du Beagle de 1832 à 1836*, 1875, réédité aux éditions de La Découverte en 1982.

（147）Charles Darwin, *La Descendance de l'homme et la sélection sexuelle*, Schleicher frères, 1874, pp. 87–88.

（148）以下の本に引用されている。Georges Bringuier, *Charles Darwin, voyageur de la raison, Privat*, 2012, p. 264.

（149）James Rachels, *Created from animals : the moral implications of darwinism*, Oxford University Press, 1990.

（150）« La théorie darwinienne de l'évolution dérange toujours les créationnismes », article paru dans la revue de l'AFIS *Science et pseudo-sciences*, pp. 65–75.

（151）Patrick Tort, *La Seconde Révolution darwinienne*, éditions Kimé, 2002.

（152）〈存在者〉は存在しているものを指す哲学的概念。

（153）Hicham-Stéphane Afeissa, *Nouveaux fronts écologiques, essais d'éthique environnementale et de philosophie animale*, éditions Vrin, 2012, p. 114.

（154）原注（150）を参照。

(155)「[…] しかしながら私は自分の仕事にスペンサーの著作を利用したことは一度もない。スペンサーがなんであれ論題を扱う演繹的手法は私の精神的作風とは真反対である。彼の結論に納得したことは一度もない。彼のしている議論の一つを読んだあとに、幾度となく心のなかでこう思ったものだ。「ここには六年ほどかけて研究しなくてはならない論題があるのに!」。スペンサーの基本的な一般化のやり方(誰かがその重要性はニュートンの法則に匹敵すると言っていたが)は、たしかにある哲学的観点からしたら貴重なものかもしれないが、科学的有用性からしたらまったく無意味なものであると私には思われる」。*The Autobiography of Charles Darwin with the original omissions restored Edited by his grand daughter Nora Barlow*, Collins, 1958, pp. 108–109.

(156) *Le Journal du CNRS*, décembre 2008.

(157) ニールス・ボーアはデンマークの物理学者。1922年のノーベル物理学賞の受賞者。

(158) VERCORS, *Les Animaux dénaturés*, Albin Michel, 1952.〔ヴェルコール『人獣裁判』小林正訳、白水社、1953年。ヴェルコール(1902–1991)は本名ジャン・ブリュレル、抵抗文学『海の沈黙』(河野与一・加藤周一訳、岩波文庫、1973年)で知られる〕

(159) https://fr.wikipedia.org/wiki/Homme_de_Florès

(160) Boris CYRULNIK, *L'Ensorcellement du monde*, Odile Jacob, 1997.

(161) Claude LÉVI-STRAUSS, *Race et Histoire*, Paris, Unesco, 1951. Réédité chez Gallimard, « Folio essais », 1987.〔クロード・レヴィ゠ストロース『人種と歴史/人種と文化』渡辺公三・三保元・福田素子訳、みすず書房、2019年新版〕

(162) Entretien avec Jean-Marie BENOIST dans *Le Monde* du 21 janvier 1979.

(163) Alfred ESPINAS, *Des sociétés animales, étude de psychologie comparée*, 1877.

(164) Peter SINGER, *La Libération animale*, 1975 ; 1re éd. Grasset, 1993 ; rééd. Payot, coll. « Petite Bibliothèque Payot », 2012.〔ピーター・シンガー『動物の解放』改訂版、戸田清訳、人文書院、2011年。シンガー(1946–)はオーストラリア出身の倫理学者〕

(165) Peter SINGER, *Une gauche darwinienne, évolution, coopération et politique*, 1999 ; trad. Éditions Cassini, 2002.〔シンガー『現実的な左翼に進化する』竹内久美子訳、新潮社、2003年〕

(166) Élisabeth BADINTER, *L'Amour en plus*, Flammarion, 1980.〔エリザベート・バダンテール『プラス・ラブ——母性本能という神話の終焉』鈴木晶訳、サンリオ、1981年。バダンテール(1944–)はフランスのフェミニスト、哲学者〕

(167) Sarah BLAFFER HARDY, *The woman that never evolved*, Harvard University

Press, 1981, pp. 153–154, 189, Petite Bibliothèque Payot, 2002.〔サラ・ブラッファー・フルディ『女性は進化しなかったか』加藤泰建・松本亮三訳、思索社、1982年〕

(168) Sarah BLAFFER HARDY, *Mother Nature : A History of Mothers, Infants and Natural Selection,* Pantheon Books, 1999 ; trad. Les Instincts maternels, Essais Payot, 2002.〔サラ・ブラファー・ハーディ『マザーネイチャー――「母親」はいかにヒトを進化させたか』塩原通緒訳、早川書房、2005年〕

(169) Joan ROUGHGARDEN, *Le Gène généreux, pour un darwinisme coopératif,* Seuil, 2012 ; le titre se veut une réponse au Gène égoïste de Richard Dawkins .

(170) *Gender studies.*

(171) Gwénaëlle PINCEMY, F. Stephen DOBSON, Pierre JOUVENTIN, « Homosexual mating displays in penguins », *Ethology*, 2010, pp. 1–7.

(172) Pierre JOUVENTIN, Christophe BARBRAUD, Michel RUBIN, « Adoption in the emperor penguin Aptenodytes forsteri », *Animal Behaviour*, 1995, pp. 1023–1029.

(173) こうした人間中心主義やデカルト主義の再審は現在多くの哲学的出版物として現れている。Dominique Lestel, Hicham-Stéphane Afeissa et Jean-Baptiste Jeangène-Vilmer (voir son ouvrage *L'Éthique animale,* PUF, « Que sais-je ? », 2011) ainsi que par des éthologistes comme Frans de Waal (par exemple, *L'Âge de l'empathie,* Les liens qui libèrent, 2011).

(174) Jean-Claude MICHÉA, *Les Mystères de la gauche, de l'idéal des lumières au triomphe du capitalisme absolu,* Climats/Flammarion, 2013.

(175) Dans une interview du *Magazine littéraire* de mars 1999.

(176) わが国(フランス)では、Le Club de l'Horloge〔極右国民自由主義シンクタンク〕、GRECE〔欧州文明研究調査グループ〕といった新右翼潮流がきわめて積極的に動いた。

(177) Friedrich ENGELS, *La Situation de la classe laborieuse en Angleterre,* 1845.〔エンゲルス『イギリスにおける労働者階級の状態―― 19世紀のロンドンとマンチェスター』全2巻、一條和生・杉山忠平訳、岩波文庫、1990年〕

(178) 次の論文を参照。Yvon QUINIOU, « Darwin et la morale », *Le Magazine littéraire,* 1999, pp. 49 à 51.

(179) この研究の要約は以下に掲載されている。Jared DIAMOND, *Pourquoi l'amour est un plaisir,* Gallimard, 2010, pp. 140–155.〔ジャレド・ダイアモンド『セックスはなぜ楽しいか』長谷川寿一訳、草思社、1999年、149–169頁〕

(180) この問題についての一般的記事は以下。Lars WERDELIN, « Le vrai roi des animaux », *Pour la science,* février 2014, pp. 62–68. 専門的論文は以下。L. WERDELIN et M. E. LEWIS, « Temporal change in functional richness and evenness in the eastern african pliopleistocene », 2013, *PLoS One,* pp. 1–11.

(181) Adriaan KORTLANDT, « On the essential morphological basis for human culture », *Current Anthropology*, 1965, vol. 6, pp. 320–326.

(182) 詳細については例えば以下を参照。Richard LEAKEY et Roger LEWIN, Les Origines de l'homme, trad. rééditée chez Flammarion, « Champs », 1985.

(183) この点についてここでは詳述できないので、詳しくは以下の拙著を参照していただきたい。*Trois prédateurs dans un salon – Une histoire du chat, du chien et de l'homme* paru en 2014 chez Belin.

(184) Pierre JOUVENTIN, *Kamala, une louve dans ma famille, op. cit.*

(185) 以下のウェブサイトより。http://kamala-louve.fr/ ou http://pierreJOUVENTIN.fr/

(186) Pierre JOUVENTIN, « La domestication du loup », *Pour la science*, janvier 2013, pp. 42–49.

(187) ラテン語原文は « *Homo homini lupus.* »

(188) 次の本に引用されている。Vitus B. DRÖSCHER, *Le Langage secret des animaux*, Marabout université, traduit en 1971, pp. 228–229. 私の知るかぎりこの革命的なテーゼを要約した唯一のフランス語の書物である。

(189) Jacques RUFFIÉ, *Traité du vivant, op. cit.*, p. 637.

(190) 次の本の中に述べられている。Georges BRINGUIER, *Charles Darwin, voyageur de la raison, op. cit.*, p. 221.

(191) Arthur SCHOPENHAUER, *L'Art d'avoir toujours raison*, 1864, traduit chez Mille et une nuits, 1983.

(192) Robert WRIGHT, *L'Animal moral, psychologie évolutionniste et vie quotidienne, op. cit.*〔前掲、ライト『モラル・アニマル』〕

(193) ジャン・ガイヨン（1949–）はフランスの哲学者。専門は生物哲学と科学哲学および科学史、認識論。パリ第1大学教授。

(194) Jean GAYON, *Darwin et l'après-darwinisme*, éditions Kimé, 1992.

(195) イギリスの数学者であり暗号学者であったアラン・チューリングがコンピューターを開発したのは、彼が同性愛を告発され自殺する六年前のことだった〔イングランドとウェールズでは1967年まで同性愛が違法行為であった〕。

(196) http://www.dan.sperber.fr

(197) http://sites.google.com/site/hugomercier/theargumentativetheoryofreasoning

(198) « Why do humans reason ? Arguments for an argumentative theory », *revue New scientist*, 2011.

(199) http://edge.conversation/the-argumentative-theory

(200) Philippe DESCOLA, *Par-delà nature et culture, op. cit.*〔前掲、デスコラ『自然と文化を越えて』〕

(201) 宗教と政治について不可知論者であるダーウィンをめぐって、あえて〈右

派と左派〉という政治的テーマを持ち出したのもそのためである。

(202) U. K. ECKER, S. LEWANDOWSKY et D. CHANG, *Psychonomic Bulletin & Review*, juin 2011.

(203) Catherine LARRÈRE, *Les Philosophies de l'environnement*, PUF, « Philosophies », 1997.

(204) 以下にいくつかの本を挙げておこう。Hicham-Stéphane AFEISSA auteur d'*Éthique de l'environnement, nature, valeur, respect*, 2007, *Qu'est-ce que l'écologie*, 2009 et *Philosophie animale*, 2010, aux éditions Vrin ; *Écosophies, la philosophie à l'épreuve de l'écologie*, 2009, *La Communauté des êtres de nature, essai d'écologie philosophique*, 2010, aux éditions MF. Ainsi que Jean-Baptiste JEANGÈNE-VILMER, *Éthique animale*, PUF, « Que sais-je ? », 2008, rééd. 2011 et *Anthologie d'éthique animale*, PUF, 2011.

(205) Tom REGAN, *Les Droits des animaux*, éditions Hermann, « L'avocat du diable », 2013.

(206) Stéphane FERRET, *Deepwater Horizon*, Seuil, 2011, p. 292.

(207) Jacques DERRIDA, *L'animal que donc je suis*, Galilée, 2006.〔ジャック・デリダ／マリ＝ルイーズ・マレ編集『動物を追う、ゆえに私は〈動物で〉ある』鵜飼哲訳、ちくま学芸文庫、2023年〕

(208) Ernst MAYR, *Histoire de la biologie*, *op. cit.*, p. 667.

(209) Jean ROSTAND, *L'Homme*, NRF, 1962.

文献一覧

基礎文献

DARWIN Charles, *L'Origine des espèces*, 1859〔チャールズ・ダーウィン『種の起原』全3巻、八杉龍一訳、岩波文庫、1990年ほか〕

DARWIN Charles, *La Descendance de l'homme et la sélection sexuelle*, 1871〔ダーウィン『人間の由来』上下巻、長谷川眞理子訳、講談社学術文庫、2016年ほか〕

DARWIN Charles, *L'Expression des émotions chez l'homme et l'animal*, 1872〔ダーウィン『人及び動物の表情について』浜中浜太郎訳、岩波文庫、1931年〕

DARWIN Charles, *L'Autobiographie*, 1887〔ダーウィン『ダーウィン自伝』八杉龍一・江上生子訳、ちくま学芸文庫、2000年〕

KROPOTKINE Pierre, *L'Entraide, un facteur d'évolution*, 1902〔ピョートル・クロポトキン『相互扶助論――進化の一要素』新装版、大杉栄訳、春陽堂、2017年〕

MALTHUS Thomas, *Essai sur le principe de population*, 1798〔ロバート・マルサス『初版 人口の原理』高野岩三郎・大内兵衛訳、岩波文庫、1962年ほか〕

参考文献

AMEISEN Jean-Claude, *Dans la lumière et les ombres – Darwin et le bouleversement du monde*, Fayard/Seuil, 2011

BLANC Marcel, *Les Héritiers de Darwin – L'évolution en mutation*, Seuil, 1990

BOWLBY John, Charles Darwin – *Une nouvelle biographie*, PUF, 1995

BRINGUIER Georges, *Charles Darwin – Voyageur de la raison*, éditions Privat, 2012

BUICAN Denis, *Darwin et le darwinisme*, « Que sais-je ? », PUF, 1987

BUICAN Denis, *Lyssenko et le lyssenkisme*, « Que sais-je ? », PUF, 1988

BUICAN Denis, *L'Évolution – La grande aventure de la vie*, Nathan, 1995

BUICAN Denis & GRIMOULT Cédric, *L'Évolution – Histoire et controverses*, Éditions du CNRS, 2011

CHAPOUTHIER Georges, *Kant et le chimpanzé – Essai sur l'être humain, la morale et l'art*, « Pour la science », Belin, 2009

CHRISTEN Yves, *L'Heure de la sociobiologie*, Albin Michel, 1979

CHRISTEN Yves, *Marx et Darwin – Le grand affrontement*, Albin Michel, 1981

CHRISTEN Yves, *L'animal est-il une personne ?* Flammarion, 2009
CHRISTEN Yves, *L'animal est-il un philosophe ? Poussins kantiens et bonobos aristotéliciens*, Odile Jacob, 2013
CYRULNIK Boris, FONTENAY Elisabeth, SINGER Peter, *Les animaux aussi ont des droits*, Seuil, 2013
DAWKINS Richard, Le Gène égoïste, Odile Jacob, 2003〔リチャード・ドーキンス『利己的な遺伝子』40周年記念版、日高敏隆・岸由二・羽田節子・垂水雄二訳、紀伊國屋書店、2018年〕
DAWKINS Richard, *Pour en finir avec Dieu*, Perrin, 2008〔ドーキンス『神は妄想である――宗教との決別』垂水雄二訳、早川書房、2007年〕
DESCOLA Philippe, *Par-delà nature et culture*, Gallimard, 2005〔フィリップ・デスコラ『自然と文化を越えて』小林徹訳、水声社、2020年〕
HENRI-ROUSSEAU Olivier, *Darwin et ses héritiers – Au-delà des querelles*, Artége, 2009
HOQUET Thierry, *Darwin contre Darwin – Comment lire L'origine des espèces*, Seuil, 2009
JAISSON Pierre, *La Fourmi et le Sociobiologiste*, Odile Jacob, 1993
JOUVENTIN Pierre, *Kamala, une louve dans ma famille*, Flammarion, 2012
JOUVENTIN Pierre, *Trois Prédateurs dans un salon : une histoire du chat, du chien et de l'homme*, Belin, 2014
LEAKEY Richard & LEWIN Roger, *Les Origines de l'homme*, « Champs », Flammarion, 1985
LECOURT Dominique, *L'Amérique entre la Bible et Darwin*, PUF, 1992
MAYR Ernst, *Darwin et la pensée moderne de l'évolution*, Odile Jacob, 1993
OUVRAGE COLLECTIF, *Les Mondes darwiniens – L'évolution de l'évolution*, Syllepse, 2009
PICQ Pascal, *Il était une fois la paléoanthropologie*, Odile Jacob, 2010
PICHOT André, *La Société pure – De Darwin à Hitler*, Flammarion, 2000
PICHOT André, *Aux origines des théories raciales – De la Bible à Darwin*, Flammarion, 2008
POPPER Karl, *La Connaissance objective*, Aubier, 1991〔カール・ポパー『客観的知識――進化論的アプローチ』森博訳、木鐸社、2004年〕
SINGER Peter, *Une gauche darwinienne – Évolution, coopération et politique*, Cassini, 2002〔ピーター・シンガー『現実的な左翼に進化する』竹内久美子訳、新潮社、2003年〕
SINGER Peter, *La Libération animale*, Payot, 2012〔ピーター・シンガー『動物の解放』改訂版、戸田清訳、人文書院、2011年〕
TORT Patrick, *Darwin et la science de l'évolution*, « Découvertes », Gallimard, 2000〔パトリック・トール『ダーウィン――進化の海を旅する』平山廉監修、南条郁子・藤丘樹実訳、創元社、2001年〕

TORT Patrick, *Darwin et le darwinisme*, « Que sais-je ? », PUF, 2005

TORT Patrick, *L'Effet Darwin-Sélection naturelle et naissance de la civilisation*, Seuil, 2008

TORT Patrick, *Darwin n'est pas celui qu'on croit*, Le Cavalier Bleu, 2010

WAAL Frans de, *L'Âge de l'empathie – Leçons de la nature pour une société solidaire*, Les Liens qui Libèrent, 2010〔フランス・ドゥ・ヴァール『共感の時代へ——動物行動学が教えてくれること』柴田裕之訳、紀伊國屋書店、2010年〕

WILSON Edward, *L'Humaine nature. Essai de sociobiologie*, Stock, 1979〔ロバート・O・ウィルソン『人間の本性について』岸由二訳、ちくま学芸文庫、1997年〕

WILSON Edward, *La Sociobiologie*, éditions du Rocher, 1987〔ウィルソン『社会生物学』合本版、伊藤嘉昭監修、坂上昭一他訳、新思索社、1999年〕

WILSON Edward, *L'Unicité du savoir – De la biologie à l'art, une même connaissance*, Robert Laffont, 2000〔ウィルソン『知の挑戦——科学的知性と文化的知性の統合』山下篤子訳、角川書店、2002年〕

WRIGHT Robert, *L'Animal moral-Psychologie évolutionniste et vie quotidienne*, « Folio Documents », Gallimard, 2005〔ロバート・ライト『モラル・アニマル』上下巻、竹内久美子監修、小川敏子訳、講談社、1995年〕

関連ウェブサイト

http://www.darwinproject.ac.uk/

http://darwin-online.org.uk/

http://www.gutenberg.org/browse/authors/d#a485

http://www.darwinlibrary.amnh.org/

http://www.wku. edu/~smithch/index1.htm

http://www.radiocanada.ca/par4/soc/altruisme/3entraide.html

図版一覧

1頁：ディエゴ・リベラの壁画『十字路の人物』は、この戦闘的な共産主義者自身によれば、世界を先導するふたつの偉大なイデオロギー、すなわち社会主義と資本主義を描いている。中央の〈新しい人間〉から見て左側にはマルクス主義の神殿が、右端には社会ダーウィニズムと混同されたチャールズ・ダーウィンが描かれている。

3頁：「尊敬すべきオランウータン」。1871年に『ホーネット（*The Hornet*）』誌に掲載されたダーウィンの風刺画。当時、科学者はこのような攻撃に苦しみ、社会から批判されることを恐れていた。

11頁：ホモ・サピエンスを含む5種の霊長類の骨格を比較し、それらの関係を示す図。1863年に出版されたトマス・ハクスリーの著作*The Place of Man in Nature*の表紙イラスト。『種の起源』におけるダーウィンの意図的な空白を埋めようとしたもので、ダーウィンが1871年まで取り組まなかったデリケートなテーマである〈人間〉について描かれている。

67頁：1925年、イギリスの労働者と経営者、保守党政府が激しく対立していた時期に、『労働組合統一雑誌（*Trade Union Unity Magazine*）』に掲載された鉱山主の風刺画。

103頁：1871年にダーウィンの著書『人間の由来』が出版された後、1874年に『フィガロ（*Le Figaro*）』誌と『ロンドン・スケッチ・ブック（*London Sketch Book*）』誌に掲載されたフォースタン・ベベデールによるダーウィンの風刺画。次のようなキャプションがついていた。「ダーウィンは実に謙虚に自分の祖先は猿であったと主張している。ダーウィンの理論を信じる人は、人間が耳の長い四足動物（驢馬）の子孫であることを証明しているように見える。」

155頁：1871年、トーマス・ナストが『ハーパーズ・ワークス・ウィークリー（*Harper's Works Weekly*）』誌に発表した漫画。対話は以下の通り。いじめられているゴリラ「この男は私の子孫だそうだ。彼は自分が私の子孫のひとりであると言っている」。バーグ氏「ダーウィンさん、ですから彼〔ゴリラ〕をいじめることなんてできませんよね」。

203頁：1872年に『ファン・マガジン（*Fun Magazine*）』に掲載されたダーウィンの風刺画。胸元をひけらかすビスチェをつけた婦人がダーウィンに興奮しないよう求めている。ダーウィンの著書『人間と動物における感情表

現』と性淘汰説を示唆している。

257頁：1874年、『エクリプス（*L'Éclipse*）』紙に掲載されたアンドレ・ジルのデッサン。次のようなキャプションがついていた。「有名なダーウィンは、彼の祖先である猿から受け継いだ敏捷性を披露することで、自らの系譜を証明してみせた。このイギリス人科学者と同じ信仰と祖先を持つリトレ氏は、彼の運動をサポートしている。」

270頁：1875年に『パンチ（*Punch*）』誌に掲載されたイラスト。ダーウィンは「彼の本のタイトルが示す四つ足の祖先、つまり木に登る類人猿を見つけ出すことができるか」という問いかけ。

巻末19頁：1878年にアンドレ・ジルによって出版されたパリの風刺雑誌『ラ・プティット・リュンヌ（*La Petite Lune*）』の表紙。

巻末25頁（次頁）：『パンチ』誌の1982年年鑑。混沌からヴィクトリア朝の紳士への進化を描いたもので、「人間はただの虫にすぎない」というタイトルがつけられていた。

MAN·IS·BVT·A·WORM·